本书出版得到教育部人文社会科学基金一般项目（项目号：13YJA870009）、天津市哲学社会科学规划基金重点项目（项目号：TJTQ12-016）、教育部留学归国人员科研启动基金（批文号：2014-1685）以及天津师范大学学术著作出版基金的支持。

同行评议专家遴选问题研究

基于科学计量的视角

贺 颖◎著

中国社会科学出版社

图书在版编目（CIP）数据

同行评议专家遴选问题研究：基于科学计量的视角／贺颖著.—北京：中国社会
科学出版社，2016.5
ISBN 978-7-5161-8067-9

Ⅰ.①同…　Ⅱ.①贺…　Ⅲ.①学术评议—专家—选择—研究　Ⅳ.①G3

中国版本图书馆 CIP 数据核字（2016）第 084396 号

出 版 人	赵剑英	
责任编辑	王　称	
责任校对	胡新芳	
责任印制	王　超	

出　　版	中国社会科学出版社	
社　　址	北京鼓楼西大街甲 158 号	
邮　　编	100720	
网　　址	http://www.csspw.cn	
发 行 部	010-84083685	
门 市 部	010-84029450	
经　　销	新华书店及其他书店	

印　　刷	北京君升印刷有限公司	
装　　订	廊坊市广阳区广增装订厂	
版　　次	2016 年 5 月第 1 版	
印　　次	2016 年 5 月第 1 次印刷	

开　　本	710×1000　1/16	
印　　张	14	
插　　页	2	
字　　数	158 千字	
定　　价	49.00 元	

凡购买中国社会科学出版社图书，如有质量问题请与本社营销中心联系调换
电话:010-84083683

目　录

第一章

绪　论

第一节　选题缘起与研究意义

一　问题的提出

"评价是为管理服务的，没有评价就没有管理，没有科学的评价就没有科学的管理，只有评价才能弄清情况，才能为管理决策提供依据。"[①] 科学的评价与选择是一个非常重大的课题，无论是在学术界、科学界还是在政府的科技管理部门，科学评价的重要性都得到了广泛的重视。[②] 科学评价是科技管理工作的重要组成部分，是推动国家科技事业持续健康发展，促进科技资源优化配置，提高科技管理水平的重要手段和保障。[③] 合理的科学评价能为科学研究、奖励、管理提供依据，使科研人员客观地了解自身的水平和学术影响，使管理决策部门正确地评价科学活动、合理地制定激励系统，从而保证科学系统积极有效地

---

① 张其瑶：《没有科学评价就没有科学管理》，《评价与管理》2004 年第 12 期。
② 田华：《基础研究评估中的同行评议和专家评议》，《中国基础科学》，2005 年第 5 期。
③ 科技部、教育部、中国科学院、中国工程院、国家自然科学基金委：《关于改进科学技术评价工作的决定》，《中国科技期刊研究》2003 年第 5 期。

运行，促进科学的发展和社会的进步。[①] 科学评价必须客观、真实、准确地反映不同评价对象的实际情况，才能增加科学评价活动的公开性与透明度，保证评价工作的独立性和公正性，以及评价结果的科学性和客观性。

同行评议是目前国内外科学评价采用的最主要方法，是科技管理工作的重要组成部分。同行评议质量的好坏直接关系到能否科学、客观、公正地遴选优秀、创新的科研人才和科研项目，只有高质量的同行评议才能准确反映被评价研究的内在质量，才能为推进国家科学化进程起到积极的作用。

同行评议专家是学术质量的监守，坚持用好的评议专家，选好的具有创新性的科学项目，是科学评价一贯的原则、方针和努力方向。由于评议专家是判别被评价对象是否具有创新性的主体，因此，专家自身的学术水平如科学素养、对科学前沿的把握、对科学问题的洞察力等都对判识创新性起到关键作用。所以，同行评议专家的来源和遴选直接关系到同行评议结果的质量与公平性。

在评审专家的选择问题上，同行评议除了需要克服自身固有的缺陷外，还需要面对适应现代科技发展的问题。[②] 第一，基础学科的发展越来越专业化，使得所谓的"同行"越来越少。[③] 科学研究项目的申请者从事的可能是一项原创性研究，也就是说可能没有人能够明白其中的价值，甚至项目负责人也搞不明白项目本身可能具有的价

---

① 邱均平：《科学引文索引与科学评价》，《评价与管理》2003 年第 7 期。

② 张保生：《论程序正义与学术评审制度的建构》，《学术界》2001 年第 6 期。

③ 田华：《基础研究评估中的同行评议和专家评议》，《中国基础科学》2005 年第 5 期。

值。郝凤霞、杨列勋等学者的研究表明：具有实质性创新意义的申请项目、无人涉足领域的项目、探索性很强的项目等，很难在同行专家中得到共识。[①②] 探索性、创新性是科学研究的本质特征，若按此特征，基础研究项目将很难找到有"共识"的同行专家进行评审，因而，渐进性的研究较易得到肯定，而原创性研究就很容易被抛弃，但这不应是科学评议的本意[③]。第二，科学家们孜孜以求新的知识、不断扩展和更新研究领域，所谓的"同行"随着科学研究的不断深入，有可能逐渐成为"门外汉"。即今日所谓的"同行"，有可能成为明日的"非同行"。[④] 第三，随着学科间的互动，处于交叉学科中的科研专家的知识结构也发生了明显的改变。相互融合和关联的现代科学，使得学科间的联系愈加密切，而相关学科的跨越式发展，将带动其他学科的共同发展，加速科学的整体进程。[⑤]

　　缘于以上这些现实情况，笔者不禁会有这样的思索，借助什么样的方法、技术、手段和基于什么样的视角可以有效解决同行评议专家的遴选问题，而且最大限度地保证同行评议结果的公正、公平和高质量。由此又会进一步思

---

　　① 郝凤霞、刘静岩、陈忠：《技术研发项目中同行专家评议产生非共识的原因分析》，《中国软科学》2004 年第 12 期。

　　② 杨列勋、汪寿阳、席西民：《科学基金遴选中非共识研究项目的评估研究》，《科学学研究》2002 年第 2 期。

　　③ Joseph P. Costantino, Mitchell H. Gail, "Validation Studies for Models Projecting the Risk of Invasive and Total Breast Cancer Incidence", *Journal of the National Cancer Institute*, Vol. 91, No. 18, September 15, 1999, pp. 1541-1548.

　　④ R. W. Morrow, A. D. Gooding, C. Clark, "Improving Physicians' Preventive Health Care Behavior through Peer Review and Financial Incentives", *Archives of Family Medicine*, Vol. 4, No. 2, February 1995, pp. 265-268.

　　⑤ Lesley Southgate, "The General Medical Council's Performance Procedures: Peer Review of Performance in the Workplace", *Medical Education*, Vol. 35, Issue s1, December 2001, pp. 9-19.

考这样一些问题：（1）同行评议专家的学术背景和学术范式会不会影响评审专家们的评价意见，会不会造成"非共识"项目的产生？（2）怎样判断同行评议专家是真正的小同行，而不是外行？（3）交叉领域如何寻找同行专家参与科学项目的评审才能保证同行评议结果的公平性？（4）在相同研究领域和方向的专家中如何选择才能够保证同行评议结果的权威性？（5）怎样建立一个同行评议专家遴选系统，保证系统较少人为干扰、自动遴选出适合某项科学评议活动的同行评议专家名单？

二　研究目的与意义

同行评议专家的遴选直接关系到同行评议结果的质量与公平性，所以必须解决同行评议专家遴选过程中出现的各种常见问题：如评审专家的学术背景和学术范式影响同行评议结果而最终导致评议中出现的"非共识"问题；在相同学科领域内真正同行的确定问题——"小"同行的选择；在交叉学科领域中同行评议专家的选择问题；同行评议专家学术权威性的认定问题；同行评议专家遴选系统的概念模型设计问题；等等。

虽然同行评议是科学评价的内部执行方式，是科学共同体内部的民主决策，而且这种内部执行方式有其固有的弊端，但笔者希冀从科学共同体外部来找到有效的方法去合理地选择同行评议专家，解决同行评议专家遴选过程中出现的上述问题。科学计量方法是从科学共同体外进行的科学评价，因而较少受人为因素的干扰，而且通过科学计量的动态分析，可以清晰地掌握同行评议专家的学术动向。

使用科学计量学的方法会尽可能地降低同行评议自身的不足，完善同行评议专家智能遴选系统，使得同行评议的结果更为公平、公正、权威。

在研究同行评议专家遴选问题的过程中，通过描绘科学发展某一具体环节的进展轮廓，形象立体地再现科学历史的发展进程，可以帮助科研管理者和决策者发现某一学科的产生背景、发展概况、标志性成果、突破性成就以及今后的发展方向等，阐明科学结构的模式、科学发展的规律以及科学的派别和研究纲领，从而为科研评价管理、科技评价决策以及同行评议专家的选择提供依据。

第二节　相关研究文献述评

一　同行评议在科学评价实践中的界定

同行评议在科研评价实践中有许多同义词，如专家鉴定（Refereeing）、价值评议（Merit Review）、同行评价（Peer Evaluation）、同行判断（Peer Judgment）、同行审查（Peer Censorship）等。[①] 由于同行评议方法应用广泛，在评价实践中人们常常根据不同的应用场合对其给予不同的界定。

英国苏塞克斯大学（the University of Sussex）科学政策研究所吉本斯（Gibbons）教授和曼彻斯特大学（the University of Manchester）工程、科学与技术政策研究所乔赫（Georghiou）教授的观点是："同行评议是由该领域或相关

---

① 葛倩颖：《高校教师学术水平评价体系构建及应用方法研究》，硕士学位论文，天津大学，2009 年，第 50 页。

领域的科学家以提问方式，评价本领域科技研究的学术价值的代名词。"①② 同行评议的前提条件是在科研工作的某方面（例如其质量）体现专家决策能力，但要求参与决策的评审专家必须对该领域的发展状况、评审程序以及研究人员有足够了解。

美国国会技术评估办公室的高级分析家库宾（Chubin）在专著《无同行的科学：同行评议和美国的科学政策》中对同行评议给出这样的定义："同行评议是一种用于评价科学工作的组织方法，此方法常被科学界用来判断工作流程的正确性、结果确认的可靠性以及如何对有限资源的分配，诸如杂志版面、研究经费、公共认可性和特殊荣誉。"③④

英国同行评议调查组 1990 年曾给研究理事会咨询委员会报告称，同行评议应理解为"由从事该领域或相关领域的专家对一项工作的学术水平或重要性进行评价的一种机制"⑤。美国国家科学基金会（NSF）向国会提交的一个有关同行评议的报告中，将同行评议定义为"根据决策过程标准，NSF 应确定提供研究经费给哪些申请项目，即 NSF 的负责官员根据申请者同一研究领域的其他人员的评议结

---

① 吴述尧：《同行评议方法论》，科学出版社 1996 年版，第 100—105 页。

② Susan van Rooyen, "Effect of Open Peer Review on Quality of Reviews and on Reviewers' Recommendations: a Randomised Trial", *British Medical Journal*, Vol. 318, No. 7175, January 2, 1999, pp. 23-27.

③ Cole, Jonathan R., Cole, Stephen, *Peer Review in the National Science Foundation: Phase II*, National Academy Press, 1981, p. 95.

④ Arthur T. Evans, "The Characteristics of Peer Reviewers Who Produce Good-Quality Reviews", *Journal of General Internal Medicine*, Vol. 8, No. 8, 1993, pp. 422-428.

⑤ 葛倩颖：《高校教师学术水平评价体系构建及应用方法研究》，硕士学位论文，天津大学，2009 年，第 68 页。

果，来确定哪些申请者可以获得资助"①②③。

《国家自然科学基金项目管理规定（试行）》于 2002
年 12 月在我国正式颁布施行，它将同行评议定义为：同
行评议专家对申请项目的研究目标、创新性、研究价值、
研究方案等做出独立的判定与评价，一般采用通讯评议
方式。④⑤

以上界定从不同方面反映了同行评议的某些特征和属
性。如果对同行评议的不同应用背景进行抽象，可以考虑
对同行评议做如下界定：所谓同行评议，是指由从事某领
域（或该领域的相关领域）研究的专家根据一定的标准和
程序对该领域的科学研究活动及其相关要素（如研究人
员、研究机构、研究项目等）进行评价的一种方法。当
前，同行评议主要用于五个方面：（1）评定学位与职称；
（2）评议研究机构的运作；（3）评审科研项目的申请；
（4）评定科研成果；（5）评审科学出版物。⑥

同行评议是科学界对科研项目进行评审和对科研成果

---

①　蒋国华、方勇、孙诚：《科学计量学与同行评议》，《中国科技论坛》1998 年第
11 期。

②　Brian M.，"Research Grants: Problems and Options"，*Australian Universities' Review*，
Vol. 43，No. 2，2000，pp. 17-22.

③　李延瑾：《科技项目立项评审的同行评议方法研究》，硕士学位论文，武汉理工
大学，2001 年，第 56 页。

④　《国家自然科学基金项目管理规定（试行）》第十六条（http：//www. nsfc.
gov. cn/publish/portal0/tab229/info24214. htm）。

⑤　G. D. L. Travis，"New Light on Old Boys: Cognitive and Institutional Particularism in
the Peer Review System"，*Science*，*Technology & Human Values*，Vol. 16，No. 3，1991，
pp. 322-341.

⑥　S. Cole，Cole JR，GA Simon，"Chance and Consensus in Peer Review"，*Science*，
Vol. 214，No. 4523，November 1981，pp. 881-886.

进行评估的一种基本方法。① 从同行评议定义中可以看出，同行评议专家对评审结果起了至关重要的作用，评审申请项目的同行评议专家对评议标准的理解、价值观和知识背景成为决定其评审结果的重要因素，因此，同行评议专家的遴选至关重要。

二　国内文献述评

通过阅读同行评议研究论文和专著，可以发现国内学者围绕同行评议专家的研究主题主要有：同行评议专家评议结果的定量评估问题；② 同行评议专家结果的公正性问题；③ 同行评议中专家判断差异导致的"非共识"问题；④ 同行评议专家的选择问题；⑤ 同行评议专家遵循科学共同体的行为准则问题；同行评议专家学术质量、权威的认定问题；⑥ 以及同行评议专家库、评议专家遴选系统的建设问题等等。

对同行评议专家的评价结果进行分析和评估的目的就是为了更科学、更恰当地选择同行评议专家，这一工作引

---

① E. J. Rinia, "Comparative Analysis of a Set of Bibliometric Indicators and Central Peer Review Criteria Evaluation of Condensed Matter Physics in the Netherlands", *Research Policy*, Vol. 27, Issue 1, May 1998, pp. 95–107.

② G. D. L. Travis, "New Light on Old Boys: Cognitive and Institutional Particularism in the Peer Review System", *Science, Technology & Human Values*, Vol. 16, No. 3, 1991, pp. 322–341.

③ 王志强：《关于完善同行评议制度的若干问题和思考——同行评议调研综述》，《中国科学基金》2002 年第 5 期。

④ 何杰、王成红、刘克：《对同行评议专家评议工作进行评估的一些思考》，《中国科学基金》2004 年第 1 期。

⑤ 何香香、王家平：《关于完善同行评议体系的一些思考》，《中国科学基金》2005 年第 2 期。

⑥ 刘艳骄：《论同行评议》，《中国科技论坛》1998 年第 3 期。

起了人们的普遍关注。①②③ 赵黎明等学者提出可以从命中率、累计数、成功率、离散率等不同视角对同行评议专家的评审情况进行分析。④ 王成红等学者针对对同行评议专家的评议结果进行定量评估问题，提出了科学项目评估价值的调整算法及数学模型。这些定量指标的实际使用对合理选择同行评议专家具有重要的意义。⑤

公正性在同行评议研究中一直受到人们的重视，也是人们不懈探索的问题，所谓公正性，是指在同行评议过程中必须要保证被评审人的申请能得到无偏见的客观评审。⑥⑦ 刘克等学者对项目评议公平性的几种影响因素，如专家熟悉程度的不同、评价标准的高低和评价结果偏离度的差异，进行了分析，用量化的方法对由此造成的不公进行了调查，并给出了统一的计算公式。⑧ 学者龚旭对影响同行评议公正性的两种类型，即评议过程本身的因素和评议过程以外的因素两种类型，以及评议过程中的两种因素

① 郑称德：《同行评议专家工作业绩测评及其指标初探》，《科技管理研究》2002年第4期。

② 么大中、张淑芳、罗欢：《评价机制：同行评议制与间接指标体系的融合》，《黑龙江社会科学》2004年第2期。

③ Herbert W. Marsh, "The Peer Review Process Used to Evaluate Manuscripts Submitted to Academic Journals: Interjudgmental Reliability", *Journal of Experimental Education*, Vol. 57, 1989, p. 62.

④ 赵黎明等：《对同行评议专家的反评估分析》，《中国科学基金》1995年第1期。

⑤ 王成红等：《关于同行评议专家定量评估指标研究的几个新结果》，《系统工程理论与实践》2004年第2期。

⑥ G. D. L. Travis, "New Light on Old Boys: Cognitive and Institutional Particularism in the Peer Review System", *Science, Technology & Human Values*, Vol. 16, No. 3, 1991, pp. 322-341.

⑦ 朱志文、于晟：《对同行评议质量与公正性的探讨》，《地球科学进展》1998年第1期。

⑧ 刘克等：《国家自然科学基金面上项目通讯评议结果的公平化处理》，《中国科学基金》2003年第4期。

（制度性因素和非制度性个人因素）进行区分，系统地分析影响公正性的多种因素，为制定公正公平的评议政策提供了重要依据。① 院士朱作言基于科学自主性视角探讨了同行评议公平公正问题，得到两个结论：（1）同行评议应以科学本身作为唯一的评价准则，应保持评议的独立性不受其他因素影响；②（2）要采取特殊的措施以克服按现有知识体系评判和求新求异的科学自主性之间的矛盾。③

不同评审专家对同一评议项目的创新性、科学意义、可行性等持有不同的认识，对是否给予经费支持做出不同判断，这就是所谓同行评议中出现的"非共识"问题。④⑤⑥产生"非共识"判断是科学评价中必须面对的问题。深入研究"非共识"问题，对改进和完善科学评审及其管理工作具有实践意义。⑦ 杨列勋等学者提出用指标非共识度和项目整体非共识度作为评审专家判断项目创新性的定量辅助指标，以定性质量判断为主、以定量数据为辅，针对非共识研究项目进行评估。⑧ 将离散趋势和集中趋势相结合，并通过二维图形中数据点的分布特征，科顿（Cotton，P.）等学者对项目的非共识情况进行分析，并初步区分非共识

---

① 龚旭：《同行评议公正性的影响因素分析》，《科学学研究》2006 年第 12 期。

② Keith Pond, "Peer Review: a Precursor to Peer Assessment", *Innovations in Education and Teaching International*, Issue 4, November 1995, pp. 314-323.

③ 朱作言：《同行评议与科学自主性》，《中国科学基金》2004 年第 5 期。

④ 周忠祥、刘志国：《非共识项目的设立给基础研究源头创新带来新希望》，《中国科学基金》2007 年第 1 期。

⑤ 丁厚德、刘求实、王玉堂：《同行评议中"非共识"认识的处理》，《中国科学基金》1995 年第 1 期。

⑥ 崔克明：《对非共识项目的认识和评审建议》，《中国科学基金》2001 年第3 期。

⑦ Ian I. Mitroff, "Peer Review at the NSF: A Dialectical Policy Analysis", *Social Studies of Science*, Vol. 9, No. 2, 1979, pp. 199-232.

⑧ 杨列勋、汪寿阳、席西民：《科学基金遴选中非共识研究项目的评估研究》，《科学学研究》2002 年第 2 期。

项目。[①] 郑兴东等学者凭借非共识项目的分布特征，初步讨论了非共识项目的形成原因，为高质量项目和非共识项目的遴选提供参考依据。[②]

对于同行评议专家的选择问题，国家自然基金委副主任、中科院院士朱作言指出我国同行评议中的一些问题：将专家评议等同于同行评议；一些领域高水平专家不足，严重影响同行评议质量。国家自然科学基金委的学者张守著在文献[③]中做了比较深入的思考，并对两个问题进行了阐述，即怎样保证和进一步提高基金的评估质量和怎样更有效地执行回避制度，减少非学术的影响，保证专家评估意见的公正性、科学性和学术权威。建议在我国现有社会环境和科技形势下，建立一个科学、合理的专家管理机制，并设想按学术水平分级别聘请专家，按"优、良、中、差"评价参评专家的工作质量。作者受到知名学术团体和组织管理模式的启发，将专家划分为 5 个级别：初级评议专家、协联评议专家、资深评议专家、评审专家、顾问评议专家，不同的科学评价项目，可以聘请不同的专家。此外，作者从横向分析、纵向分析、典型分析、领域分析、专业认识分析、定性分析等多方面研究科学评价项目最原始的评议和评审资料，从而达到对评议专家的研究和选择。学者王志强在论述如何选择评议专家时，认为：（1）是否仍在科研一线工作作为遴选专家的必要条件。（2）学部、科学处、各科研部门的学术委员会负责推荐同

---

① Cotton, P., "Flaws Documented, Reforms Debated at Congress on Journal Peer Review", *JAMA*, Vol. 270, 1993, pp. 2775-2778.

② 郑兴东等：《基金项目同行评议中项目非共识性的度量研究》，《解放军医院管理杂志》2004 年第 1 期。

③ 张守著：《建立合理的专家动态管理体系》，《中国科学基金》2000 年第 6 期。

行评议专家,另外,还可以参考项目申请者提出的同行评议专家。(3)要注意选择不同观点的评审专家。(4)保证专家评议组长的学术权威性。鼓励支持由中青年专家担任组长,成员最好老中青结合。① 对于同行评议专家的行为规范,王志强提出了四个在挑选同行评议专家时值得探究的问题:(1)同行评议专家的科学水平问题;(2)同行评议专家责任心问题;(3)控制同行评议中的利益冲突问题;(4)防范同行评议过程中的剽窃行为。通过对美国国家科学基金会同行评议制度的分析,学者龚旭提出了改善同行评议制度的几点建议:② 第一,进一步规范同行评议程序以及加强制约环节,程序公正是评议活动公正的重要前提,NSFC 经过 20 年的发展,在评议的组织、评议方式、评议专家库建设方面已经建立起一整套成熟的管理模式。第二,适时开展对同行评议活动的评估。第三,改善评议条件,为实现同行评议的公正有效创造更好的环境。

关于同行评议专家应遵循科学共同体行为准则问题,国家自然基金委副主任、中科院院士朱作言在"科学的生态"中德双边研讨会上指出③:由科学家组成的共同体在建构科学自主性方面扮演重要角色。科学自主性的实现,依赖于科学共同体对科学所秉承的价值理念的坚守,这种坚守贯穿于科学活动的始终,从科学讨论、科学观察、科学交流到科学评价、科学研究等等,已形成所谓的"科学

---

① 王志强:《关于完善同行评议制度的若干问题和思考——同行评议调研综述》,《中国科学基金》2002 年第 5 期。
② 龚旭:《美国国家科学基金会的同行评议制度及其启示》,《中国科学基金》2004 年第 6 期。
③ 朱作言:《同行评议与科学自主性》,《中国科学基金》2004 年第 5 期。

的规范结构"①。朱院士认为：同行评议隐含表述为，对科学研究的评价应该是科学共同体的"专属领地"。对于"哪些人能做出好的研究"、"什么是有价值的研究"这样的问题，只有科学家同行才最有能力、最有资格做出准确的判断，而科学家的专业知识以及根据专业知识进行的逻辑推断则是判断的依据。② 科学家在同行评议过程中，所遵循的是科学共同体推崇的行为准则，也就是科学的规范，并充分行使自己的权利，以保证科学的健康发展。因此，科学家将同行评议称作科学的"守门人"，并视之为科学自主性的重要象征。

针对同行评议专家学术质量、权威的认定问题，学者续玉红等认为 SCI 系统所提供的论文收录数量及 IF 等数据可以为评价科研工作提供重要线索。③ 在 SCI 期刊上发表论文的数量及其被引用情况可以在一定程度上反映科研工作的质量。④ 从管理的角度看，评价标准的客观性、公正性和透明性非常重要。⑤ 在理论上，只有"小"同行才能对科学项目的学术质量做出准确的判断。⑥ 采用 SCI 进行评价可以排除大部分感情因素、个人喜好和知识结构等主观因

① Rustum Roy, "Funding Science: The Real Defects of Peer Review and an Alternative to It, Science", *Technology, & Human Values*, Vol. 10, No. 3, Summer 1985, pp. 73-81.

② Alan L. Porter and Frederick A. Rossini, "Peer Review of Interdisciplinary Research Proposals", *Science, Technology, & Human Values*, Vol. 10, No. 3, Summer 1985, pp. 33-38.

③ 续玉红等：《SCI 检索系统在科研绩效评价中的应用》，《中国科学基金》2003年第 4 期。

④ Garfield E., "How ISI Selects Journals for Coverage: Quantitative and Qualitative Considerations", *Current Contents*, May 28, 1990.

⑤ Ingweren P., Larsen B., Roursseau R., et al.：《论文—引文矩阵及其推导的定量评价指标》，《科学通报》2001 年第 8 期。

⑥ Garfield E., "The Significant Scientific Literature Appears in a Small Core of Journals", *The Scientist*, Vol. 10, No. 17, 1996, pp. 1054-1060.

素的影响，能够杜绝大部分"走后门"现象。①

对于同行评议专家库的建设问题，学者王志强提出四点建议：（1）构建专家库来提高同行评议质量；（2）专家库应该能够提供动态信息，在遴选专家时，可查询其发表的文章和科研成果；（3）专家信息要及时更新，专家研究领域和研究方向的动态信息要反映到专家库中；（4）同行评议专家库应吸收一部分管理专家和在企业任职的专业技术人员。② 另外，文献还建议建立由基本信息库、专家评审信息库、专家评审结果分析子系统三个部分组成的计算机网络专家管理系统。③

国家自然基金委政策局前局长吴述尧曾说"同行评议是科学基金政策研究永恒的主题"④。他对同行评议问题研究、阐述得比较详尽，他的专著《同行评议方法论》一书，对同行评议专家的选择颇有研究，提出了专家基本指标、修养指标、工作业绩指标和建立选择同行评议专家系统的设想。⑤ 从专家系统的原理、方法出发，提出建立以学科主任的经验为基础，提炼、补充、完善知识库中启发式知识，借助学科主任的推理方式制定出合理的推理策略，最终形成对待选评议专家进行判断、选择和分配的选择同行评议专家系统，简称 SPRE 系统的设想。⑥

---

① 中国科学信息技术研究所：《2001 年度中国科技论文统计与分析》，年度研究报告 2002 年版，第 16 页。

② 蒋国华：《科研评价与指标》，红旗出版社 2000 年版，第 177—180 页。

③ 张守著：《建立合理的专家动态管理体系》，《中国科学基金》2000 年第 6 期。

④ 龚旭：《同行评议与科学基金政策研究》，《中国科学基金》2007 年第 2 期。

⑤ 郑称德：《同行评议专家工作业绩测评及其指标初探》，《科技管理研究》2002 年第 4 期。

⑥ G. D. L. Travis, "New Light on Old Boys: Cognitive and Institutional Particularism in the Peer Review System", *Science*, *Technology & Human Values*, Vol. 16, No. 3, 1991, pp. 322-341.

　　从以上文献中我们可以看出，选准选对同行专家是高质量同行评议的关键，因此，选择优秀的评议专家服务于评议委员会是非常重要的。同行评议的效果好坏与资助机构遴选评议专家的素质高低紧密相连，因此资助机构应该竭尽全力选择最优秀的专家。① 同行评议专家应该特别注意鼓励创新和冒险，并保证研究领域内拥有创新思想的申请应该易于获得资助。评议不公正的专家、科学作风不良的专家，明显缺乏评议领域专长的专家、有本位主义的专家不能参加同行评议。由于同行评议要基于已有的知识进行判断，同科学自主性要求的求新求异、自由探索的特性存在矛盾，所以应该采取某些特殊措施来克服这种倾向。从以往关于同行评议专家的研究文献中可以看到，同行评议专家对同行评议的公正性、公平性、权威性有着至关重要的作用，由此，凸显同行评议专家的选择问题。对于同行评议专家的遴选，在现有的文献中涉及了专家遴选的一些客观的定量指标，这些指标可以作为本研究同行评议专家遴选系统指标体系的参照指标，还可以作为专家选择系统自动智能遴选的综合评价标准。另外，不少文献只说明了存在很多专家不十分理解科研评价项目导致不少误判的现象，并没有说明什么方法能够避免这种情况的发生，这些文献为本研究提供了思考的方向和研究的空间。本书将现有文献中构建同行评议专家系统的设想进行了延伸、完善，并且提出可行性方法和模型来准确选择同行评议专家。

---

　　① 冯锋等：《关于科学研究项目同行评议的一些政策性分析》，《中国科学基金》2007 年第 1 期。

三 国外文献述评

国外文献中也有不少关于同行评议专家的研究,①② 研究主要集中在以下几个问题上:同行评议中的科研绩效问题;同行评议的质量问题;高质量的同行评议必备的条件;科研管理者在同行评议质量管理中的作用;评审专家对同行评议结果的责任认定问题;不同国家同行评议专家遴选制度;同行评议中定量方法的使用及其作用等。

针对同行评议中的科研绩效问题,考斯托夫(Kostoff)把基于科研绩效的同行评议定义为一种综合型同行评议,评价中需要的同行可能是某个特定研究领域的专家,是研究方向横跨几个科学领域的专家,是被评研究最终会对其发挥影响的技术领域的专家,是被评研究将来会对其发挥影响的系统和研究成果应用领域的专家,需要这些不同类型的同行来检查研究工作的各个方面。③ 由于对科学的结构与基本功能的理解不断深入,同行评议的形式也发生了变化,出现了修正式的同行评议。④ 所谓修正式的同行评议是指评议时除了要考察科学价值外,还要考虑研究的潜在应用。⑤ 因此,评议时需要一个扩充性的评价小组,需要两个评议过程,其一是考察科学卓越性,其二是考察应

---

① Rennie D., "More Peering into Peer Review", *JAMA*, Vol. 270, 1993, pp. 2856-2858.

② Judson H. F., "Structural Transformation of the Sciences and the End of Peer Review", *JAMA*, Vol. 272, 1994, pp. 92-94.

③ Kostoff, R. N., "Peer Review: The Appropriate GPRA Metric for Research", *Science*, Vol. 277, August 1997.

④ Rennie D., "Guarding the Guardians: a Conference on Editorial Peer Review", *JAMA*, Vol. 256, 1986, pp. 2391-2392.

⑤ Rennie D., "Editorial Peer Review in Biomedical Publication: the First International Congress", *JAMA*, Vol. 263, 1990, p. 1317.

用价值。[1]

同行评议专家的选择直接关乎高质量的同行评议结果。[2][3] 目前，有关同行评议的研究主要集中于开展同行评议的技巧、应遵循的程序和评议结果的处理等，很少有研究者论述过如何判断同行评议最终评价结果的质量。实际上，合理的同行评议过程与程序只是获得高质量同行评议的必要条件，而不是充要条件。[4] 高质量的同行评议涉及其他许多因素，讨论其中一些重要因素，可以发现高质量的同行评议应该准确反映被评研究对象的内在质量。但是，在实际评价时，并不存在衡量研究质量的绝对标准，例如，度量时间和长度的标准。评价科学研究的内在质量是一个主观过程，依赖于评议者的看法和过去的经验。在这种评价者主观因素占主导地位的条件下，要获得高质量的同行评议还必须具备以下两个最基本的条件，①聘用非常有能力的评议者；②在评议者进行评价时，不由于偏见、冲突、欺诈或评价的不充分而掺杂其他歪曲意见。[5]

保守主义对同行评议质量的影响也是国外学者探讨同

---

① National Scienceand Technology Council（NSTC），"Assessing Fundamental Research，Committeeon Fundamental Science，Subcommittee on Research"，1996（http：//www. nsfeov/sbe/srs/ostp/assess/star. htm）.

② Armstrong，S. J.，"We Need to Rethink the Editorial Role of Peer Reviewers"，*The Chronicle of Higher Education*，Vol. 43，No. 9，October 25，1996.

③ Bailar，J. C.，Patterson，K.，"Journal Peer Review：The Need for a Research Agenda"，*New England Journal of Medicine*，Vol. 312，1985，pp. 654-657.

④ 刘作仪：《评价政府资助的基础研究：理论基础与方法选择》，博士学位论文，武汉大学，2003 年。

⑤ Ormala，E.，"Nordic Experiences of the Evaluation of Technical Research and Development"，*Policy*，Vol. 18，1989，pp. 123-145.

行评议专家选择的另一研究热点。[①] 科学项目或计划的中期评估和后评估一般是以同行专家小组的形式进行的。专家参与小组评审、讨论时，其名誉将受到考验，在这种情况下，专家一般都不会公开发表自己的偏见，在提出自己的意见时，他们会考虑这些意见是否站得住脚。正因为如此，有人认为小组评议将使专家具有保守主义倾向。[②] 保守主义并不是专家小组评审固有的，在开展同行评议时，保守主义的出现与同行评议过程的保密程度密切相关，如果同行评议过程中有严格的保密规则约束评议者的行为，就可以有效地克服保守主义倾向。[③]

奥马拉（Ormala）概括了高质量同行评议必须具备的最低条件[④]：①选择的评价方法、组织和标准应该适应于特定的评价环境；②不同的评价层次需要不同的评价方法；③开展评价时，要重点考虑计划或项目的目标；④评价的动机，以及评价与决策间的关系应向参与评价的所有当事人公开；⑤评价的目的应做清楚的说明；⑥应该一直细心地确保评价的可靠性；⑦设计评价时应该考虑有效利用评价结果的前提条件[⑤]。

国外学者也关注到评价管理者的行为对同行评议质量

---

① Bartko, J. J., "The Intra-Class Correlation Coefficient as a Measure of Reliability", *Psychological Reports*, Vol. 19, 1966, pp. 3-11.

② Bloom, F. E., "The Importance of Reviewers", *Science*, Vol. 283, 1999, p. 789.

③ Callaham, M. L., Baxt, W. G., et al., "Reliability of Editors' Subjective Quality Ratings of Peer Reviews of Manuscripts", *Journal of the American medical Association*, Vol. 280, 1998, pp. 229-231.

④ Taubes G., "Peer Review Goes under the Microscope", *Science*, Vol. 262, 1993, pp. 25-26.

⑤ Ormala, E., "Nordic Experiences of the Evaluation of Technical Research and Development", *Policy*, Vol. 18, 1989, pp. 123-145.

的影响。[1][2][3] 高层管理人员对科学评价工作的重视程度是影响评价质量最重要的因素。高层管理者对科学评价工作非常关注，并为评价工作制定了激励制度，是开展好科学评价工作的前提条件。[4] 影响评价质量的第二个因素是评价主持者的管理行为和动机。评价主持者选择、控制评价过程，选择评价标准、评价人员，在小组评议过程中引导提问和讨论，在通讯评议和小组评议中概括评议人的意见，为管理、决策被评价对象提供建议。[5] 评议主持人有意识或潜意识的偏见将对评估方向产生重大影响。[6]

开展同行评议时，规定评议专家是否承担责任，即对不负责任的错误判断负责，对评议质量有重要影响。[7] 目前，学者们只研究了论文手稿评议中同行评议专家对他们的评议错误与肤浅评价如何承担责任，[8] 还没有任何学者研究过在评价研究计划或项目时如何处理评议专家不负责

---

① Callaham, M. L., Wears, R. L., et al., "Positive-outcome Bias and Other Limitations in the Outcome of Research Abstracts Submitted to a Scientific Meeting", *Journal of the American Medical Association*, Vol. 280, 1998, pp. 254-257.

② Campion, E. W., Curfman, G. D., Drazen, J. M, "Tracking the peer - review process", *The New England Journal of Medicine*, 343, 2000, pp. 1485-1486.

③ Cho, M. K., Justice, A. C., et al., "Masking Author Identity in Peer Review", *Journal of the American Medical Association*, Vol. 280, 1998, pp. 243-245.

④ Cicchetti, D. V., "Reliability of Reviews for the American Psychologist: A biostatistical Assessment of the Data", *American Psychologist*, Vol. 35, 1980, pp. 300-305.

⑤ Fisher, M., Friedman, S. B., Strauss, B., "The Effects of Blinding on Acceptance of Research Papers by Peer Review", *Journal of the American Medical Association*, Vol. 272, 1994, pp. 143-146.

⑥ Armstrong, J. S., "Why Conduct Journal Peer Review: Quality Control, Fairness, or Innovation", *Science and Engineering Ethics*, 1997, pp. 45-60.

⑦ Vanchieri C., "Peer Review Out to the Test: Credibility at Stake", *J Natl Cancer Inst*, Vol. 85, 1993, pp. 1632-1633.

⑧ Armstrong, J. S., "Why Conduct Journal Peer Review: Quality Control, Fairness, or Innovation", *Science and Engineering Ethics*, 1997, pp. 45-60.

任的错误评价这个问题。①

　　不同国家同行评议专家遴选制度不同，评审专家资格判定的标准不同。对 NSFC 与 NSF 在保证评议人的学术性方面进行对比后，可以发现②：NSFC 要求评议人具有较高的学术水平、敏锐的科学洞察力和较强的学术判断能力；熟悉被评项目的研究内容及相关研究领域的国内外发展情况，并且近年实际从事研究工作；在一些前沿领域或研究方向，邀请海外学者参加评议。③ NSF 则强调评议人具有学术专长及学术能力；在所评的科学和工程学领域具有特别的知识；申请人可以推荐熟悉自己研究的评议人；另外还可以根据项目申请的专业需要，邀请特别评委出席评委会。④

　　1951 年德意志研究联合会（DFG）成立，它是德国基础研究的主要学术资助机构，是德国最大的科学研究资助机构。⑤ 著名的马普学会、德意志科学院及一些主要的研究机构都是其会员。DFG 同行评议是以学会推荐和直接选举的方式产生和遴选评议专家，具备 3 年以上工作经验且有博士学位的研究人员才能成为评选对象，⑥ 每 4 年在固

---

① Flanagin A., Rennie D., Lundberg G., "Attitudes of Peer Review Congress Attendees", *Peer Review in Scientific Publishing. Chicago, Ill: Council of Biology Editors*, 1991, pp. 260-263.

② 龚旭:《中美同行评议公正性政策比较研究》,《科研管理》2005 年第 5 期。

③ Godlee, F., Gale, C. Martyn, C. N., "Effect on the Quality of Peer Review of Blinding Reviewers and Asking Them to Sign Their Names", *Journal of the AmericanMedical Association*, Vol. 280, 1998, pp. 237-240.

④ Goldbeck-Wood, S., "Evidence on Peer Review - Scientific Quality Control or Smoke Screen", *British Medical Journal*, Vol. 318, 1999, pp. 44-45.

⑤ Horrobin, D. F., "Peer review: A philosophically Faulty Concept Which is Proving Disastrous for Science", *The Behavioral and Brain Sciences*, Vol. 5, 1982, pp. 217-218.

⑥ Howard, L., Wilkinson, G., "Peer Review and Editorial Decision-Making", *British Journal of Psychiatry*, Vol. 173, 1998, pp. 110-113.

定的时间、用统一的方式举行一次选举。以选举的方式产
生同行评议专家的方法确保了 DFG 同行评议专家的公正
性、科学性和权威性。学者徐彩荣等在文献①中建议完善
专家遴选制度，"那些对评议项目太过熟悉的专家可能会
产生妒忌或任人唯亲的嫌疑，与评议项目专业偏离太远的
评审专家有可能缺乏必要的专业知识"②。DFG 以直接选举
与学会推荐相结合的方式选择同行评议专家，这对保证高
质量的同行评议起到了非常重要的作用，能够成为 DFG 的
同行评议专家是一种很高的荣誉，因此 DFG 的同行评议结
果争议最少。③ 另外，DFG 除了制定和实施一整套规范的
评议机制、评议程序、评议人遴选原则等制度以外，还对
参加项目评议的专家在具体评议活动中相关事项（评议程
序、评议须知、评议准则、评议的保密、利益冲突等）做
出规定并进行指导。④

　　国外一些文献针对同行评议中定量方法的使用及其作
用问题也进行了研究。英国同行评议调查组给研究理事会
咨询委员会的报告中全面地讨论了定量方法的作用，⑤ 并
提到了一个相关的启发性问题，"如果定量分析得出了同
行是无知的观点，那是值得担心的，因为这可能会导致很

———————

　　① 徐彩荣等：《国外同行评议的不同模式与共同趋势》，《科学学与科学技术管理》
2005 年第 2 期。

　　② Jefferson, T., Godlee, F., *Peer Review in Health Care*, London, UK: British Journal
Publishing Group, 1999, pp. 35-38.

　　③ Justice, A. C., Cho, M. K., et al., "Does Masking Author Identity Improve Peer Re-
view Quality? A Randomized Controlled Trail", *Journal of the American Medical Association*,
Vol. 280, 1998, pp. 240-242.

　　④ 《德意志研究联合会的评议过程指南》，《中国基础科学》2005 年第 6 期。

　　⑤ 绩玉红等：《SCI 检索系统在科研绩效评价中的应用》，《中国科学基金》2003
年第 4 期。

差的'同行'被雇用"①②。"然而如果使用合理的价格能够获得相关且有用的信息，如应用自然和社会科学引文索引，可能就在检查同行评议全面实施的同时，实际上也可以试验性地使用它"③。

一些文献建议，凡是能方便地使用自然和社会科学引文索引信息的地方，应该把这些信息提供给同行评议管理机构，机构针对他们自己的特殊需要会评估这些信息的作用。④⑤⑥ 学者安东尼（Anthony F. J.）在文献⑦中，使用荷兰大学中全部化学和化学工程研究机构所做评估的大量数据，利用赫什（J. E. Hirsch）提出的富有创意的表征科学家个人研究工作累计影响力的简单而又新颖的指标——h指标，将之与若干标准的文献计量学指标进行统计学意义上的相关分析。文章认为，在大多数情况下，同行们能够很好地甄别具有很大科学影响力的研究小组，由于h指数凸显了引文的强大力量，能够预期h指数与同行评议之间存在显著相关关系，尤其对于那些规模比较大的研究小组

---

① Garfield E., "How ISI Selects Journals for Coverage: Quantitative and Qualitative Considerations", *Current Contents*, May 28, 1990, p. 89.

② Harter S. P., Nisonger T. E., Weng A., "Semantic Relationships between Cited and Citing Articles in Library and Information Science Journals", *Journal of American Society of Information Science*, Vol. 44, 1993, pp. 543-552.

③ Mohammadreza Hojat, "Impartial Judgment by the Gatekeepers of Science: Fallibility and Accountability in the Peer Review Process", *Advances in Health Sciences Education*, Vol. 8, Issue 1, 2003, pp. 75-96.

④ Ingweren P., Larsen B., Roursseau R., et al.：《论文—引文矩阵及其推导的定量评价指标》，《科学通报》2001年第8期。

⑤ Garfield E., "The Significant Scientific Literature Appears in a Small Core of Journals", *The Scientist*, Vol. 10, No. 17, 1996, pp. 1054-1060.

⑥ 中国科学信息技术研究所：《2001年度中国科技论文统计与分析》，年度研究报告2002年版，第16页。

⑦ Anthony F. J. van Raan：《h指数与标准文献计量学指标及同行评议之间的关系》，刘俊婉译，《科学观察》2006年第1期。

而言更是如此。① 对于那些在学科领域因为"小"而拥有"少量引文"的研究小组而言，"王冠指标"CPP/FCSm 是一个更为合适的绩效评价指标。②③④ 欧美学术界已经注意到量化评估所带来的问题，并且委托权威部门开展深入的调查研究，得出了令人信服的结论⑤。英国研究理事会的咨询委员会（ABRC）在专门调查后认为："根据我们获得的证据，可以断言，尚没有可行的办法能替代同行评议对基础研究进行评审。"他们仔细地研究定量分析方法，但也没有从中找到一种替代方案。⑥⑦ 英国同行评议调查组对研究理事会咨询委员会提出选择同行评议专家可以应用自然和社会科学索引作为评价依据，这为本课题的研究方法和研究视角——科学计量提供了研究思路和研究手段，同时也说明了本书研究内容的实用性。

---

① Laband, D. N., Piette, M. J., "A Citation Analysis of the Impact of Blinded Peer Review", *Journal of the American*, Vol. 272, 1994, pp. 147-149.

② A. F. J. van Raan, "Advanced Bibliometric Methods as Quantitative Core of Peer Review Based Evaluation and Foresight Exercises", *Scientometrics*, Vol. 36, No. 3, 2000, pp. 397-420.

③ Susan van Rooyen, "Effect of Open Peer Review on Quality of Reviews and on Reviewers' Recommendations: a Randomised Trial", *British Medical Journal*, Vol. 318, No. 7175, January 2, 1999, pp. 23-27.

④ Peters, Douglas P., Ceci, Stephen J., "Peer-review Practices of Psychological Journals: The Fate of Published Articles, Submitted Again" (http://psycnet.apa.org/?fa=main.doiLanding&uid=1983-04303-001).

⑤ Fiona Godlee, BSc, MRCP, "Effect on the Quality of Peer Review of Blinding Reviewers and Asking Them to Sign Their Reports" (http://jama.ama-assn.org/cgi/content/abstract/280/3/237).

⑥ Kevin W. Boyack, Brian N. Wylie, George S. Davidson, "Domain Visualization Using VxInsight for Science and Technology Management", *Journal of the American Society for Information Science and Technology*, Vol. 53, No. 9, August 2002, pp. 764-774.

⑦ Amy C. Justice, MD, PhD, Does Masking Author Identity Improve Peer Review Quality? (http://jama.ama-assn.org/cgi/content/abstract/280/3/240).

第三节　研究思路与内容安排

一　研究思路及基本框架

科学评价要客观、真实、准确地反映不同评价对象的实际情况，增加科学评价结果的科学性和客观性。当前进行同行评议活动选择参与评审的专家时，大多数情况下决策者只能凭直觉、印象、资历、名气、地位等"软"因素来进行遴选，其真正的评价水平并不能由此客观地体现出来，缺乏选拔高水平的评价专家的科学依据。所以说，选择专家是同行评议成败的关键。

同行评议专家的遴选，就是要使用科学的方法选择真正的科学共同体。而对科学共同体的认定，就需要对科学共同体所持的学术"范式"、所使用的科学语言，以及交叉学科中的科学共同体的选择和科学共同体中科学家的贡献程度进行细致的研究，并且期望通过对科学共同体的研究能够形成同行评议专家遴选系统的理论上的可行方案。

科学评价根据其执行对象的不同，可以分为同行评议和科学计量两种方式，同行评议是科学共同体内部的民主决策的科学评价方式，而科学计量学则是通过科学共同体外部的客观数据对评审对象进行科学评价的方式。

利用科学计量学的方法，可以对同行评议专家的遴选提供很多、很好的借鉴。因此，本研究的主要思路是借助对以下几个基本问题的回答而展开的。

1. 如何选择相同学术"范式"的同行评议专家？

每个学科领域都会存在大量持有不同学术观点、不同学术理论纲领的学者，这些学者进行同行评议时，很容易出现"非共识"意见，也很容易排斥持不同学术观点的被评审对象，造成不公正的误判。对于科学评价管理者来说，应该采用什么方式和方法辨识不同学科领域中评审专家的学术派别及其所持的学术"范式"？

2. 在科学评价中如何选择真正的同行专家，即如何选择小同行专家？

如果在学术评价中，外行或大同行占的比重过大，同行评议就可能出现南辕北辙的现象。如何在科学评价中选择真正懂行的评审专家？"小"同行或真正的科学共同体是否存在一些内在的规律性？这些规律如何体现？能否识别？用什么方法可以便捷地识别这些规律，从而选择出对被评审对象真正懂行的同行评议专家？

3. 交叉学科领域如何选择同行评议专家？

现代科学的发展使得很多学科领域都相互交叉、融合，在交叉、融合的过程中，不断产生科学突破和创新。创新在交叉学科中表现得尤为明显。发现和支持创新与原始创新是一个艰巨的工作，这种具有原创思想的科学评价项目怎样能够得到同行评议专家的共识？怎样进行有效评估和遴选创新项目？交叉学科同行评议专家的选择是一个极为重要的问题。

4. 如何选择科学贡献程度比较大的同行评议专家？

为了得到高质量的同行评议效果，保证同行评议结果的科学性、权威性，应该尽量选择科学贡献程度比较大的专家作为参与同行评议的评审专家。以同行评议专家身份出现的科研人员，怎样用定量方法来衡量个人科研产出的累积效果和实用性呢？如何科学、合理、公正地评价同行评议专家在本领域内的个人科学贡献绩效？

5. 如何构建同行评议专家自动遴选系统？

如何构建同行评议专家评价指标体系？如何对同行评议专家遴选指标进行基于因子分析的综合评价？如何建立同行评议专家遴选系统模型？

本书基本框架详见图 1—1 基于科学计量视角的同行评议专家遴选系统研究思路图。

二　内容安排

根据以上研究思路，本书主要研究内容安排如下：

第一章为绪论。主要概括了本书的选题缘起和选题的目的和意义，在此基础上拟定研究的问题、研究思路以及本书的基本框架，简要地概述了本书研究的理论依据和主要创新点。

第二章是同行评议专家遴选的理论基础。主要介绍国内外有关科学共同体、科学评价、同行评议、科学计量的研究述评，作为本书的研究背景。科学评价根据其执行对象的不同可以分为同行评议和科学计量两种方式，同行评议是科学共同体内部的民主决策的科学评价方式，而科学计量则是通过科学共同体外部的客观数据对评审对象进行科学评价的方式。而对相同学派的、真正的科学共同体的认定本身就是同行评议专家的选择过程。

第三章是相同学术范式同行评议专家的选择问题。主要介绍跨学术"范式"的同行评议存在的问题，科学结构中

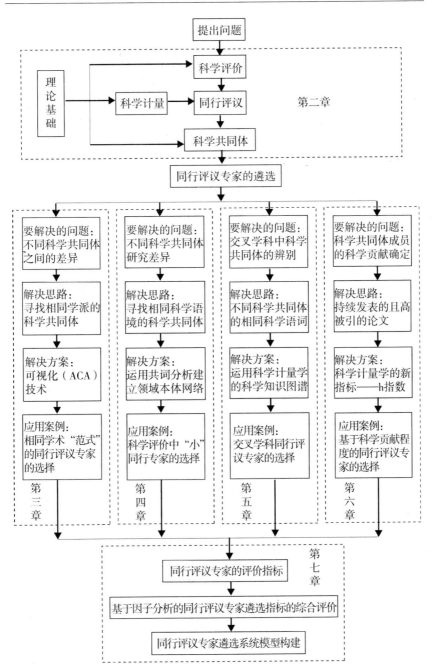

图 1—1 基于科学计量视角的同行评议专家遴选系统研究思路图

的多学术"范式"并存的原因，找寻相同学术"范式"同行评议专家的意义，并且使用科学计量方法——可视化著者同被引（ACA）技术，提供了解决方案，然后用实例说明利用可视化（ACA）技术如何分辨评议专家的学术"范式"，给出同行评议专家遴选系统的启示。

第四章是科学评价中"小"同行专家的选择问题。主要介绍传统同行评议专家的选择方法及其存在的问题，以及"小"同行评议专家所具有的本质特性——真正科学共同体内部使用的相同科学语境背景，并且提供了解决方案——领域本体概念网的建立，用实例说明如何使用科学计量学方法——共词分析，建立领域本体概念网，得到同行评议专家遴选系统的一些启示。

第五章是交叉学科同行评议专家的选择问题。主要介绍当前交叉学科同行评议的难点、交叉学科的特有属性、现代交叉学科的理论基础，以及交叉学科产生的根本动因，即科学共同体的互动，使用科学计量学方法——科学知识图谱，给出了解决方案，并且通过案例说明了如何使用知识图谱将交叉学科知识结构进行可视化的过程，得到同行评议专家遴选系统的有益启示。

第六章是基于科学贡献程度的同行评议专家的选择问题。主要介绍当前同行评议中评审专家科学贡献程度评定指标的局限，使用科学计量的方法给出解决方案，即利用 h 指数选择贡献突出的同行评议专家，并指明了 h 指数对同行评议专家遴选的实际意义，最后对 h 指数进行客观的评价并说明其适用范围。

第七章是同行评议专家遴选系统模型构建问题。主要介绍同行评议专家的遴选标准、基于科学计量的同行评议专家擅长领域的准确测定，以及同行评议专家的评价指标，并根据因子分析对同行评议专家遴选指标进行了综合评价，最后建立了同行评议专家遴选系统模型。

第八章是结论与展望。对本书进行总结并提出未来需要继续研究的问题和新的研究方向。

三 研究的理论依据

（一）引文分析

所谓引文分析（Citation Analysis），是利用各种统计学及数学的方法和抽象、比较、概括、归纳等逻辑方法，对科学论文、期刊、著者等各种分析对象的引用与被引用现象进行研究，揭示内在规律和数量特征的一种文献计量方法。[①] 引文标引是基于这样一种思想：前人的很多著作与当前文献主题是密切相关的，作者对于原先记录信息的参照表明，这一引文标引的原理则基于四种假设：（1）引文反映文献的价值；（2）在内容上被引用文献与引用文献有关；（3）引用者使用了那篇文献；（4）被引用文献有可能是最优秀的著作。[②] 这四种假设作为引文分析的全部研究基础。引文分析主要的研究领域有：（1）模拟科学技术的历史发展；（2）信息搜索与检索；（3）对出版物、科学机构和科学家进行定性和定量的评估。[③]

引文分析可以评价科研成果，说明科学引文索引是一

① 邱均平：《文献信息引证规律和引文分析法》，《情报理论与实践》2001 年第 3 期。

② Garfield, E., "Scientography: Mapping the Tracks of Science", *Current Contents*: *Social & Behavioural Sciences*, Vol. 45, No. 7, 1994, pp. 5-10.

③ 侯海燕：《基于知识图谱的科学计量学进展研究》，博士学位论文，大连理工大学，2006 年，第 68 页。

个能评价科学研究绩效，促进科学进步的新工具。[①] 通过
文献引用频率的分析研究可以测定某一学科的影响。引文
分析法在国外图书情报学、科学学、科学政策与管理等领
域得到了广泛的应用。[②]

根据科学引文与被引文之间的学科内容关联，通过引
文分析法，由引文建立的网状关系进行研究，探明相关学
科之间的亲缘关系和结构，划定学科的著者群体，推测和
分析学科的渗透、融合和交叉以及衍生趋势，还可以对某
一学科的发展概貌、产生背景、相互渗透、突破性成就和
今后发展方向进行分析，进而揭示科学的动态结构和发展
规律。

（二）同引分析

同引分析（Co-Citation Analysis）的使用最早始于 20
世纪 70 年代，1973 年，苏联情报学家伊琳娜·玛莎科娃
（Irina Marshakova）和美国科学计量学家亨利·斯莫
（Henry Small）分别提出了把文献的同引分析作为计量文
献之间关系的一种新的方法。[③] 当两篇文献共同出现在第
三篇文献的参考文献目录中时，这两篇文献就成为共被引
的关系。[④] 同引强度定义为这两篇文献一起被引用的次数。
斯莫把同引关系看作能够更详细地设计一个在科学领域内

---

① Eugene Garfield, "Evaluating Published Contributions", *Special Libraries*, Vol. 56, No. 2, 1965, pp. 134-146.

② I. H. Sher, Eugene Garfield, "New Tools for Improving and Evaluating the Effectiveness of Research", *Proceedings of the Second Conferenceon Research Program Effectiveness*, Washington, 1966, pp. 135-146.

③ Dangzhi Zhao, "Towards All-Author Co-Citation Analysis", *Information Processing and Management: an International Journal*, Vol. 42, No. 6, December 2006, pp. 1578-1591.

④ Small, H., Griffith, B. C., "The Structure of Scientific Literatures I: Identifying and Graphing Specialties", *Science Studies*, No. 4, 1974, pp. 14-40.

重要概念（思想）中间关系的方法，从而得到了模拟科学专业知识结构的更真实的方法。[①]

艾格黑（Egghe）曾定义了两条同引分析的准则，即（1）如果一同引相关群的每一篇论文至少与某一篇给定论文被同引一次，那么这几篇论文就构成了一个同引相关群体；（2）如果一同引相关群的每一篇论文与该群体中的每一篇其他论文（至少一次）被同引，那么这几篇论文就构成了一个同引相关群体。当两篇文献（或作者）被第三篇文献引用，我们就称这两篇作品（或作者）存在共被引关系；经常一起被引用的文献（或作者），则表示他们研究主题的概念、理论或方法是相关的。为此，共被引分析认为文献（或作者）共被引的次数越多，它们之间的关系就越密切，相对应的"距离"也就越近。[②]利用多元统计技术如聚类分析、因子分析和多维尺度分析等，可以按照这种"距离"将某一学科内的重要文献（或作者）加以分类，进而鉴别学科内的无形学院或科学共同体，绘制"科学知识图谱"[③④]。

在本书中将使用同引分析作为著者同被引（ACA）技

① Chaomei Chen, Les Carr, "Trailblazing the Literature of Hypertext: Author Co-Citation Analysis (1989-1998) ", *Proceedings of the Tenth ACM Conference on Hypertext and Hypermedia: Returning to Our Diverse Roots: Returning to Our Diverse Roots*, Darmstadt, Germany, February 21-25, 1999, pp. 51-60.

② Ding, Y., "Visualization of Intellectual Structure in Information Retrieval: Author Co-Citation Analysis", *International Forum on Information and Documentation*, Vol. 23, No. 1, 1998, pp. 25-36.

③ Kevin W. Boyack, Brian N. Wylie, George S. Davidson, "Domain Visualization Using VxInsight for Science and Technology Management", *Journal of the American Society for Information Science and Technology*, Vol. 53, No. 9, August 2002, pp. 764-774.

④ Chen, C., Chennawasin, C., Yu, Y., "Visualising Scientific Disciplines on the Web", *In Proceedings of the 16th IFIP World Computer Congress. International Conference on Software: Theory and Practice*, Beijing, China, 2000, pp. 720-725.

术以及学科领域本体概念体系建构的理论基础，通过选择某一学科领域内比较重要的、具有代表性的期刊群，经过对期刊群中的论文后所附的参考文献（关键词）进行共被引分析，确定学科领域内高被引著者群（主题概念群）。观察非核心著者与那些核心著者之间的关联以及关联强度，来判定其他非核心著者的学术派别和所持学术范式。或者通过关键词连接的三维网络来判断同行评议专家擅长的研究领域。

（三）词频分析法

词频分析法（Word Frequency Analysis）是语言学、计算机语言学、科学计量学、文献计量学等学科常用的一种研究方法，通常是对实词的频率进行统计，通过高频词的词义来分析或表达研究对象，如语言或文献题录数据的主要内容。这种方法在国外情报学和科技政策研究与科技管理领域得到了广泛的应用。

词频分析方法是文献计量学的传统分析方法之一，其所依据的基本理论为齐夫定律。在文献中，不同词汇的使用和出现频率是有一定规律的。为了发现和揭示这种规律，许多学者进行过大量的探索。这些有关词频分布规律的研究和成果，为齐夫定律的形成奠定了必要的基础。

本研究在对论文的关键词进行词频分析时，首先通过确定某一学科中同行评议专家在核心期刊上发表论文所使用的关键词、附加关键词、主题词等反映科学论文实质内容的词汇、使用频次情况，借助词频分析软件将论文关键词中出现的单词按照出现的频次由高到低进行降序排列，然后将词频分析方法与同引分析方法相结合，将高频被引的主题词做共词分析，得到共词矩阵，根据共词矩阵的数据做出某学科主题词之间的三维关联网络图，即为此学科的研究主题网络图。绘制领域知识本体概念网和交叉学科研究前沿及热点的知识图谱，掌握同行评议专家所研究的真实科研内容及其研究的发展动态。

（四）多元统计分析方法

相关分析、多维尺度分析、主成分分析、因子分析和聚类分析是常用的多元统计分析方法。它们的主要目的都是从反映事物的多个变量中，抓住主要因素，舍弃次要因素，以简化系统的结构，认识系统的内核。通过这些方法，对有多个变量的数据进行分析处理，化繁为简，以期能从看似杂乱无章的数据中发现和提炼出直观的、概要性的结果或结论。[1]

1. 相关分析

相关分析是研究变量之间密切程度的统计学方法，包括距离相关分析、双变量相关分析和偏相关分析。本书将原始数据矩阵转换为相关矩阵，进行相关矩阵转换，将原始矩阵标准化，消除矩阵因同行评议专家被引次数的差异所带来的影响，揭示同行评议专家之间的相似和不相似程度。

2. 多维尺度分析

多维尺度分析（Multi-Dimensional Scaling，MDS）是一种将多维空间的研究对象（如样本或变量）简化到低维空间进行定位、分析和归类，同时又保留对象间原始关系的数据分析方法。通过低维空间（如二维空间）显示作者（文献）之间的关联，并使用平面距离反映作者（文献）之间的相似程度。多维尺度分析通常用于研究对象之间的

---

[1]　Johnson, A. G., *Statistics*, Orlando, FL: Harcourt Brace Jovanovich, 1988, p. 98.

相似性（距离），只要获得了两个研究对象之间的距离矩阵，就可以通过相应统计软件做出它的相似性图谱。[①]

本书使用多维尺度分析，在制作科学知识图谱过程中，用作者（关键词）的位置距离显示他们之间的相似性，有高度相似性的作者（关键词）聚集在一起，形成科学共同体（学科前沿）。并且，处于中间位置的作者（关键词）与其他作者的联系越多，在学科里的位置也越核心；反之，则越孤独，越处于外围。因此通过 MDS，某领域思想流派、研究主题、学术共同体在学科中的位置就很容易判断。同因子分析比较，MDS 的显示结果更加形象和直观，但在确定学术群体的数目和边界时，MDS 则无法与因子分析抗衡，因此通常都需要同时借助因子分析的结果，进行共被引知识图谱的绘制。

3. 主成分分析与因子分析

主成分分析（Principal Component Analysis，PCA）与因子分析（Factor Analysis）的基本目的就是用少数几个因子来描述许多指标或因素之间联系的多元统计分析方法，[②]即将比较密切的几个变量归在同一类中，每一类变量就成为一个因子，以较少因子来反映原始资料的大部分信息。

在本书中利用因子分析，采用 SPSS 等统计软件对同行评议专家各项遴选指标自动抽取主成分，做方差最大旋转，进行主成分分析计算，可以得到因子载荷矩阵和因子得分矩阵，由因子得分矩阵得到因子分析模型。软件自动

[①]　Green, P. E., Carmone, F. J., Smith, S. M., *Multidimensional Scaling: Concepts and Applications*, Boston: Allyn and Bacon, 1989, p. 78.

[②]　张文彤:《SPSS11 多元统计分析（高级篇）》，希望电子出版社 2002 年版，第125—130 页。

将原始数据带入因子分析模型，得到各因子分析得分值。此外还可以求得相关矩阵的特征值、特征值贡献率（方差贡献率）、累计方差贡献率。[①] 我们可以将得到的特征值贡献率作为综合评价模型中各个因子的权值，从而建立同行评议专家遴选综合评价模型，最后将因子分析得分值带入综合评价模型中，得出最终的综合得分，并按大小进行名次排列，即可得到同一研究领域适合评审的"小"同行评议专家排名名单。

4. 聚类分析

聚类分析是最常用的多元统计分析方法之一，从统计学的观点看，聚类分析是通过数据建模简化数据的一种方法。传统的统计聚类分析方法包括系统聚类法、分解法、加入法、动态聚类法、有序样品聚类、有重叠聚类和模糊聚类等。聚类分析是根据研究对象的外在特征对研究对象进行统计分类的多元分析技术的总称。根据聚类分析使用数据的角度可以将它分为 R 型聚类和 Q 型聚类，既能用于探测性研究，也能用于证实性研究。聚类分析是与主成分分析、多维尺度分析或因子分析等结合使用的。

本书使用聚类分析对反映同行评议专家学术思想的论文引证关系进行聚类，从而形成同行评议专家不同的学术范式和学术流派，使用聚类分析对涉及学科内和交叉学科的论文关键词及其附加关键词进行研究，可知学科和交叉学科研究的热点主题。

（五）社会网络分析

社会网络分析（Social Network Analysis）也被称为"结

① D. 克兰：《无形学院——知识在科学共同体的扩散》，华夏出版社 1988 年版，第 68—69 页。

构分析"，是测量和展现人与人（组织与组织等）之间关系的一种社会学方法，在网络中用节点代表人或组织，用连线表示它们之间的关系。[①②] 社会网络分析是通过网络成员（节点）之间的关系而不是每个节点的实际贡献来研究社会系统结构间的关系，提供了可视化图谱分析和数学分析，随着社会网络分析软件（如 UCINET 和 Pajek 等）的开发和免费使用，社会网络结构的分析可以揭示信息传播的规律，[③] 并在学术界得到广泛的使用。[④]

　　本书多次使用社会网络分析的方法，构建了同行评议专家的学术范式和学术派别网络图，建立了学科领域知识本体概念网，绘制了交叉学科知识图谱。从而为科学评价管理者准确判定所要进行科学评价的交叉学科项目提供了同行评议专家应具有的相关学科背景知识、擅长研究的学术主题。

第四节　本书的主要创新点

一　准确判定评议专家学术范式，提供智能遴选系统理论可能

　　针对学术背景和学术范式会影响评审专家评议意见的问题，提出运用可视化著者同被引（ACA）技术选择相同

---

① S. Wasserman, K. Faust, *Social Network Analysis: Methods and Application*, Cambridge, NY: Cambridge University Press, 1994, pp. 44-52.

② Orgent, "An Introduction to Social Network Analysis" (http://www.orgnet.com/sna.html).

③ New M., "The Structure of Scientific Collaboration Networks", *Proceedings of the National Academy of Sciences of the USA*, 2001, pp. 404-409.

④ E. M. Rogers, D. L. Kincaid, *Communication Networks: Toward a New Paradigm for Research*, NewYork: FreePress, 1981, p. 87.

学术范式的同行评议专家，为同行评议专家遴选系统智能遴选提供了理论上的可能。

以前同行评议专家推荐表里只有职称、学术领域、研究方向等描述性的、笼统的有关评审专家学术背景和能力的信息，很难让科学评价管理者准确判定所选定的同行评议专家是否适合某项科学评价活动。针对学术背景和学术范式对评审专家评议意见的影响问题，笔者提出通过科学计量方法来解决同行评议专家遴选中不同学术范式的差异导致的"非共识"问题。待选定的同行评议专家的学术水平、研究方向、学术派系、学术思想以及所持学术范式都能通过数字量化的形式和图形表示的方法进行比较准确的测定，便于科研管理者掌握学科领域的宏观情况，从而为相同学术范式的同行评价专家的选择提供了科学合理的凭据。同行评议需要科学的评议专家遴选系统。同行评议专家遴选的标准很多，但在众多标准中，最关键的遴选标准就是学术水平、研究方向、学术派系和学术范式。从科学计量学角度出发，使用常规的、标准的、客观的引文数据库，可以得到某个学科所有论文著者的研究情况及其相互关联。这样，从科研角度，只要科研内容、研究水平、所持学术范式与科学评价项目的内容相同或相近的科研人员在理论上都能成为同行评议专家。通过科学计量学的方法，以高频被引著者互引矩阵制作出点与线交织的学派网络图，观察非核心著者与核心著者之间的关联以及关联强度，来判定其他非核心著者的学术派别和所持学术范式。如果要真正实现无人为干扰的同行评议专家的遴选，即专家系统的自动化和智能化，科学计量学的方法则提供了理论上的支持。因此，科学计量方法在遴选相同学术范式的同行评议专家时具有重要的借鉴作用。

二　准确判定专家擅长研究主题，提供专家学术研究佐证信息

针对"小"同行专家的选择问题，运用科学计量学的共词分析方法可以准确判定同行评议专家所擅长的研究领域和主题，同时可以为同行评议专家推荐表的科研信息提供准确的佐证资料，并为同行评议专家遴选系统智能筛选提供科学合理的凭据。

传统的同行评议专家推荐表中所填的擅长研究领域并没有可信的佐证材料的支撑。传统的同行评议专家的推荐表中所有填写的内容都是由专家、学者本人自己填写，所填研究领域、研究内容、研究方向的真实程度、客观性、熟悉程度，科学评价管理者无从知晓。针对"小"同行专家的选择问题，笔者提出运用共词分析等科学计量的方法，通过确定某一学科中同行评议专家在核心期刊上发表论文所使用的关键词、附加关键词、主题词等反映科学论文实质内容的词汇使用频次情况，掌握同行评议专家所研究的真实科研内容及其研究的发展动态。这样从真实的、客观的科学研究论文内容的视角出发，挖掘同行评议专家真正熟悉的学科研究领域，从而帮助科学评价管理者准确判定同行评议专家所擅长的研究领域和主题，选择出真正的"小"同行作为科学评价活动的评审者。另外，采用共词分析等科学计量等方法，能够帮助科学评价管理者了解同行评议专家的真实科研情况以及科研水平，选择真正的同行专家去评议他们所熟知的科学领域内的科学研究项目，并为传统的同行评议专家推荐表中的科研信息提供准

确的佐证资料。

同行评议专家系统智能筛选是专家遴选系统自动化的一个关键，也是实现评审专家公开、公正、公平的遴选模式，尽量减少人为干预遴选的一种较为科学的手段。将同行评议专家系统与一些国内外大型的科学引文数据库相连接，根据科学引文数据库中某学科核心期刊引文中的主题词或内容词的使用情况，将高频被引的主题词做共词分析，得到共词矩阵，根据共词矩阵的数据做出某学科主题词之间的三维关联网络图，即为此学科的研究主题网络图。图中主题词与主题词之间的长度与夹角就是主题词之间的语义的相似度。可以根据被评审项目所提供的主题词，在三维网络图中自动找到相应主题或词语，及其与评审项目主题语义最近似的其他主题或词语。系统按照确定的所有相应主题或词语自动寻找其论文著者群，再将找寻到的论文著者群与同行评议专家信息系统相连，确定符合相应职称、学术水平的评审专家。总之，采用领域本体、共词分析等科学计量学方法为实现同行评议专家遴选系统智能选择提供了科学合理的依据。

三　准确判定交叉学科相近领域，提供交叉领域热点研究主题

针对交叉领域同行评议专家的选择问题，运用科学计量学的科学知识图谱准确判定交叉学科相近研究领域，及其交叉学科热点研究主题，以交叉学科相近研究领域和热点研究主题作为线索，寻找合适的交叉学科同行评议专家。

科学评价工作的本质是对科学项目创新性的评审，这是科学评价活动的基本着眼点。具有浓烈原创思想的科学

评价项目，一般都是产生于交叉学科领域中的，融合了多学科的思想精华。由此，交叉学科的产生、发展及其学科结构就成为科研管理者关注和研究的重点。由于现代科学研究对象、科学主体、学科范式的交叉融合造就了交叉学科，同时形成了交叉学科独有的创新特色。从已知的文献材料来看，还没有人涉及采用何种科学方法来选择交叉学科的同行评议专家问题。笔者认为科学语词与概念可以成为查找交叉学科研究的热点主题的线索。笔者提出采用科学知识图谱等科学计量的方法，通过确定某一交叉学科期刊被引用的情况，尤其是引用论文的所属学科等信息可以反映科学论文所涉及的学科研究领域。通过真实、可靠的数据和绘制的科学知识图谱来描绘交叉学科的学科结构，以及交叉学科中相关学科的学术关联，从而为科学评价管理者准确判定所要进行科学评价的交叉学科项目提供了同行评议专家应具有的相关学科背景知识。同时也可以为科研管理者把握交叉学科发展方向、规律提供可靠的数据支持，提供交叉学科热点研究的主题信息。

第二章

同行评议专家遴选的理论基础

同行评议专家的遴选本质上就是相同学术范式的"小"科学共同体中优秀科学家的选择问题。作为科学评价内部执行方式的同行评议，虽然是科学共同体内部的民主决策，但它具有一些固有的弊端，因此，笔者希冀改变视角，从科学评价外部的执行方式——科学计量中，找寻一种能够从科学共同体外部客观、有效、便捷、无人为干扰地遴选同行评议专家的方法。将科学共同体内部的科学评价——同行评议与科学共同体外部的科学评价——科学计量相结合，使科学计量成为获得高质量同行评议的主要辅助手段。

第一节   科学共同体

一   关于科学共同体的含义及理解

科学共同体概念出现在 20 世纪 40 年代。英国物理化学家和哲学家米切尔·波兰尼（Michael Polanyi）在与贝尔纳的论战中，抨击了计划科学的观点，力主学术自由、科学自由，进而提出了科学共同体概念。波兰尼写道：

"今天的科学家不能孤立地实践他的使命。他必须在各种体制的结构中占据一个确定的位置……每一个人都属于专门化了的科学家的一个特定集团。科学家的这些不同的集团共同形成了科学共同体。……这个共同体的意见,对每一个科学家个人的研究过程产生很深刻的影响。大体说来,课题的选择和研究工作的实际进行完全是个别科学家的责任;但是对于科学发现权利的承认,是在科学家整体所表现出来的科学意见的支配之下。这种科学意见主要是非正式地发挥它的力量,但也部分地使用有组织的渠道。"① 可见,波兰尼意指的科学共同体是由不同专业的科学家共同组成的群体。20 世纪 50 年代,社会学家希尔斯进一步指出:"一个科学共同体的途径开始浮现出来——有自己的组织机构,有自己的规则,有自己的权威,这些权威通过自己的成就按照普遍承认与接受的标准而发生作用,并不需要强迫"。②

科学史和科学哲学家库恩(Kuhn)则赋予了"科学共同体"更为引人注目的意义和地位。在库恩那里,科学共同体成了科学知识增长和科学革命发生的基础,其意义也发生了重大变化。按照库恩的定义,科学共同体实际上是指一个专业的同行,"直观地看,科学共同体是由一些学有专长的实际工作者组成。他们由他们所受教育和训练中的共同因素结合在一起,他们自认为,也被人认为专门探索一些共同的目标,也培养自己的接班人。这种共同体具有这样一些特点:内部交流比较充分,专业方面的看法也

---

① Michael Polanyi, *The Logic of Ligerty: the Reflections and Rejoinders*, Routledge and KeganPaul Ltd., 1951, p. 53.

② 刘玲玲:《科学社会学》,上海人民出版社 1986 年版,第 171 页。

较一致。同一共同体成员在很大程度上吸收同样的文献，引出类似的教训。不同的共同体总是注意不同的问题，所以超出集团范围进行业务交流很困难，常常引起误会，勉强进行还会造成严重分歧"①。

对于"科学共同体"有三种基本的理解：一种将其理解为科学专业共同体（科学共同体是指一个专业的同行）；一种将其理解为科学职业共同体（科学共同体指所有以科学为职业的人）；第三种意义上的科学共同体可称作科学研究共同体，即科学家们由于共同体的研究结合而成的群体，这是科学共同体更为普遍的存在方式。近代科学以专业化为特征，共同的研究基本上等同于共同的专业研究。因此科学研究共同体即等于科学专业共同体。

综上所述，科学共同体具有的三重含义为：以共同专业为特征的科学专业共同体、以共同职业为特征的科学职业共同体以及以共同研究为特征的科学研究共同体。②

二　"范式"与"科学共同体"

"范式"，前译"规范"，英文是"Paradigm"。这个词源自希腊文，原来含有"共同显示"的意思，由此引出模式、模型、范例等意。"范式"概念是库恩在1962年出版的《科学革命的结构》一书中正式提出的，库恩对"范式"有许多种解释，但他主要认为"范式"是某一科学家集团围绕某一学科或专业所具有的理论上和方法上的共同信念。这种共同信念规定了科学家集团成员有共同的基本

---

① ［美］托马斯·库恩：《必要的张力》，纪树立译，福建人民出版社1981年版，第292页。

② 文学峰：《试论科学共同体的非社会性》，《自然辩证法通讯》2003年第3期。

理论、基本观点、基本方法，并且为其提供了共同的理论模型和解决问题的框架，从而形成一种共同的科学传统，规定了共同的研究发展方向，限制了共同的研究范围。总的来说，"范式"是一个集信念、理论、价值、技术为一身的概念。

库恩在《再论范式》一文中指出，"范式"很接近"科学共同体"这个词，"范式是，也仅仅是一个科学共同体成员所有的东西。反过来说，也正是由于他们掌握了共同的范式才组成了这个科学共同体"。库恩认为"要把范式这个词完全弄清楚，必须首先认识科学共同体的独立存在"。由此可见"科学共同体"是库恩科学哲学中又一重要概念。学者江天骥曾指出："科学共同体是产生科学知识的单位，它是一个给定专业的从业者们，由他们的教育和训练中的共同要素联系在一起的人们，了解彼此的工作，其特点是他们在专业方面的思想交流是比较充分的，他们在专业方面的判断也是比较一致的。"① 简而言之，科学共同体就是共有一个范式的科学家集团。科学共同体的特点是由共同体的范式决定的。范式是一个科学共同体的成员们，而且仅仅是他们所共有的东西。反过来，一群在别的情况下迥然不同的人们恰恰由于具有一个共同的范式就构成了一个科学共同体。库恩认为，在科学社会化程度越来越高的时代，科学认识的主体不是个人，而是集体，是一定的社会集团，科学认识活动是一项集体性的活动，离开了集体，个人的认识活动就无法进行。也就是说，科学认识活动的主体只能是科学共同体。因此，库恩指出

---

① 江天骥：《当代西方科学哲学》，中国社会科学出版社1984年版，第120页。

"虽然科学是个人来研究的，它本质上却是集体的产物，不提及产生它的那些集体，它的特殊效力和它发展起来的方式都将不会被理解"。

三　科学共同体的基本特征

（一）共同的学科观和方法论

学科观和方法论是科学范式的重要构成要素，也是一个科学共同体区别于另一个科学共同体的重要标志，不同的科学共同体具有不同的学科观和方法论，一个特定的科学共同体其内部成员拥有相同的学科观和方法论。

（二）共同的基本理论假设、基本理论原理和基本理论观点

不同的科学共同体在理论上的差异，首先表现为作为其认识和研究活动出发点与理论支撑点的最基本的理论假设、理论原理和理论观点的差异。这里的基本理论假设、理论原理和理论观点如同拉卡托斯研究纲领中的"硬核"，它们是构成范式和科学理论体系的基础理论部分或核心部分，并且是坚韧的、不许改变的和不容反驳的，如果作为科学共同体认识和研究活动与理论支撑点的基本理论假设、理论原理、理论观点遭到反驳，那么整个范式就可能受到反驳，其理论也可能受到诘难。

（三）共同的研究方向、研究领域、理论主题

研究方向、研究领域和理论主题构成了一个科学共同体进行认识和研究活动的三个维度，其中研究方向从纵的方面表征着共同体认识和研究活动的方向和发展趋势，研究领域从横的方面表征着共同体认识和研究活动的范围，理论主题表征着共同体进行认识和研究活动所应关注的重

点。不同的科学共同体具有不同的研究方向、研究领域和理论主题，一个特定的科学共同体内部成员持有同一个范式，这使得他们在研究方向、研究领域和理论主题方面保持高度的一致。

（四）共同体内部专业交流比较充分

相同的学科或专业，共同的研究方向、研究领域和理论主题，共同的专业语言等，这些都使得科学共同体内部成员能进行比较充分的专业交流。共同体内部成员通过各种方式，交流各自的研究成果，开展不同观点的争论，切磋琢磨，相得益彰。

（五）共同体具有相对稳定性

科学共同体总是在特定范式指导和制约下从事认识和研究活动的，范式的特征直接决定着共同体的特征。科学范式的这一特征决定了在其指导和制约下进行认识和研究活动的共同体在一定的时期内也能保持相对的稳定。

第二节　科学评价

一　科学评价的概念

科学评价具有悠久的历史，从科研成果评价角度来看，科学评价伴随着早期科研活动的开展，就以正式或非正式的形式一直在科学家之间进行着，科学评价事实上构成了科研活动的一部分。当以实验和数学为基础的近代自然科学确立以后，科研活动演变成一种社会化的产业，社会和科学界开始更加明确地使用科学评价手段来控制科研活动的质量。① 随着人类社会历史的发展，科学评价的对象在不断地扩大。不仅如此，由于人类认识能力的不断提高，以及科学评价所具有的价值判断的属性，在评价活动中人们所依据的评价标准也在不断变化。评价对象范围的逐渐扩大和评价标准不断变化等方面的特点，正是科学评价的历史性的体现。

　　尽管科学评价活动已具有悠久的历史，但也许正是因为科学评价的对象范围和评价标准等方面不断变化，学术界对于科学评价概念的内涵、外延的认识还存在着很大的分歧，无法找到完全统一的科学评价概念。我们试对多数学者认可的科学评价概念加以分析。

　　科学研究活动是人类探索自然奥秘、认识自然的理性活动，是人类实践活动的一种特殊形式。就人类所有评价活动来说，科学评价只是评价活动的一个特殊类别。一般认为，科学评价是指存在于科学研究活动中的各种有关评价的活动，也就是人们把握有关科学研究的政策、计划、研究过程，以及所取得成果的意义或价值的一种认识性活动。科学研究总要由相关的科技人员来进行，因而，科学评价必然包括对科技人员的评价，科研领域中的各种评价活动，有时也被人们称为评估或评审，在此我们把它们都称为评价。

　　从所调研的资料来看，一些研究者把科学评价仅局限于对科研成果的评价，也就是科研人员把自己的成果公布于世，然后接受科学界同行的评价。这种评价包括两个方面：一是对于科学理论本身的事实性或真理性评价，或者

---

　　① Michael M., Philip M. S., "The R&D Portfolio: A Concept for Allocating Science and Technology Funds", *Science*, Vol. 274, No. 5292, 1996, pp. 1484-1485.

说是让科学理论接受实践检验；二是对于科学理论的价值评价，也就是科学理论对于人类认识自然、改造自然的贡献大小，包括理论价值和社会经济等方面的价值。因此，在科研管理的不同层次，人们都开始重视使用评价手段，用以检验科研政策、科研计划、科研项目、科研机构或科研人员的工作绩效，并将检验结果作为科学政策调整和改善局部领域科研活动的依据。所以，只有综合考虑整个科学研究活动中的各个层次的评价活动，才符合科研评价的现状。①

尽管科学评价活动是科研活动的一部分，但科学评价活动与正式科研活动本身又具有一定的区别。科学评价是一种非研究性的学术活动。它与学术研究课题的酝酿和提出，学术研究的具体过程，学术讨论的展开和深入，学术成果的阐述、发表或出版等研究性的学术活动，既有密切的联系，也存在重大的差别。② 科学评价是一种民主性的活动过程，评价过程应该充分听取评价专家的意见，最后公布于众的评价结果应该是评价专家的民主集中的结果。

二　科学评价的重要作用

科学评价是科学管理的重要手段，尤其在当今社会，由于从事科学研究的群体不断扩大，以及科研经费的有限性等各种原因，科学评价日益显得重要。"在欧洲各国，科学评价的目的主要是为确保科学研究的质量，以及对未来有前景的科学领域起导向作用，其出发点是通过系统、

---

① Brian M., "Research Grants: Problems and Options", *Australian Universities' Review*, Vol. 43, No. 2, 2000, pp. 17–22.

② John M. F., "How Does the Government Fund Science? Politics, Lobbying and Academic Earmarks", *MIT Sloan Working Paper*, March 16, 2004 (http://www.ssrn.com).

有效的科学评价，为有关未来科学的发展途径、重要研究方向、资源分配方案提供依据。"① 从国家科技政策的高度来看，科学评价可以为国家层面的基础研究、应用研究和工程技术研究以及有关资源分配等方面的评价问题提供决策依据。在二战结束前夕，美国总统罗斯福（Franklin Delano Roosevelt）就要求当时的战时科学研究与开发办公室主任 V. 布什（Vannevar Bush）调查了解战争结束后的科学政策问题，布什的《科学：无止境的前沿》，在某种意义上可以说就是科学评价的报告。科学评价活动在科研领域必然会营造一种特殊的氛围，如果整体科学评价活动得当，就会给科研人员造成一定的压力，促进他们科研成功，从而获取科技共同体、国家和社会的承认。

三　科学评价的基本功能——科研管理的支持工具

科学评价是制订科研计划、开展科研管理以及阐明被评价者如何履行责任的一种重要支撑工具，其作用主要表现在②③：

（1）为科研管理提供信息。科学评价的重要作用之一，在于向资助机构详细地报告研究工作的执行情况、存在的问题和取得的成就。资助机构常常需要这方面的信息，以考察他们所要投资的对象及其取得的各方面成就。从这个意义上讲，评价是获取科研管理信息的一种重要

　　① 朱东华、吴旺顺：《政策分析与基础学科布局》，机械工业出版社 1994 年版，第 36 页。

　　② Martin, Ben, "The Use of Multiple Indicators in the Assessment of Basic Research", *Scientometrics*, Vol. 36, No. 3, 1996, pp. 343-364.

　　③ Sharon K., Davis, Peggy S., Lowry, "Survey on the Status of Evaluation Activities in College and University Pie-Award Research Administration Offices: Frequency and Type", *Research Management Review*, Vol. 7, No. 2, Spring 1995, pp. 67-74.

来源。

（2）阐述职责及其履行情况。评价是公共部门阐明其责任的一种重要手段。公共部门不仅要让纳税人理解公共资金资助的科学研究提供了哪些收益，而且，需要通过评价证明它们的资助工作获得了有价值的结果，从而有助于它们争取经费支持。

（3）为科学决策提供建议。评价可以对科研决策产生直接影响。例如，通过对以前的科学政策进行评价，发现它产生的积极影响和消极后果，可以为下一阶段制定科学政策提供有价值的经验和建议；特别是对期限较长的研究活动，评价对研究决策的影响尤为显著，因为，它在下一阶段能否获得连续资助依赖于对上一阶段研究绩效的评价。

（4）增进认识，改进工作。评价是资助者、管理者和研究人员认识其工作质量和绩效的一种机制。通过评价，可以提供成功与失败的有关证据，分析成功的经验和失败的教训，向人们揭示成功与失败的过程；可以给研究人员施加一定的压力，因为，研究人员一般都努力使自己的研究符合评价框架内衡量成功与失败的标准，从而影响研究人员的行为。由此，评价能提高研究活动的质量和绩效。

第三节   同行评议

一   同行评议——科学共同体内的科学评价

科学评价发展史的第一个阶段，主要是指从科学共同体内部的视角进行科学评价，实质上就是同行评议（peer review），它是科学共同体内部普遍采用的评价科研水平和科学价值的方法。同行评议制最早来源于专利申请的查新，世界上最先实行专利制度的国家是威尼斯共和国，1416 年，它在对发明者提出的新技艺、新发明等进行审查，来决定是否授予发明的垄断权时，采用的方法就是类似于现今采用的同行评议。

在评价科学研究方面，至少在 300 年前，英国皇家学会的会员曾用同行评议作为参照系统去评审能够公开发表的科学论文；1937 年，美国癌症咨询委员会也使用了同行评议来评审申请研究经费的科研项目。20 世纪 40 年代末，美国海军总署也应用同行评议方法资助高校的科学研究。20 世纪 50 年代初美国国家科学基金会（NSF）成立时，便正式将同行评议作为评价受资助对象和研究质量的一种方法。

同行评议渗透在为科学进行的一切努力中。科学家始终使用同行评议来评价研究的重要性和质量，同时政府机构也经常使用同行评议方法来评价研究绩效。美国科学界认为，《政府绩效与结果法案》（GPRA）正在变得越来越重要，这进一步增加了研究资助机构使用同行评议的范围。因为，研究成果难以量化，研究机构必须依靠同行专家的评估（要么对研究做前景评价，要么对研究做回溯评价）来证明、评价其绩效。[①]

---

① National Academy of Sciences（NAS），"Evaluating Federal Research Programs：Research on the Government Performance and Results Act"，*Committee on Science*，*Engineering*，*and Public Policy*，Washington D. C.：National Academy Press，1999，p. 100.

二　同行评议的本质——科学共同体的民主决策

（一）同行评议专家群体是一个科学共同体

从科学社会学角度来看，同行评议中的"同行"本质上是同时存在于某个科学共同体的。同行们根据标准对某事物进行评价，实际上在这个过程中已慢慢将标准具体化为该科学共同体的行为范式。同行专家采用基本相同的范式评价同一事物，因此评价结果是有效的，而不会造成风马牛不相及的情况。科学系统中的同行评议，本质上是科学共同体内的科学家（一般都是颇有造诣的科学家）应用同一范式来评价、选择该科学共同体内的新发现、新理论。

（二）同行评议是决策民主化的一种手段

以政策科学视角看，同行评议实质上是决策民主化的手段。换句话说，同行评议有助于决策民主化。决策是人们认识世界和改造世界的一种选择性活动。决策依赖于对环境的认识，不能正确认识客观环境，就不可能做出正确的决策。

同行评议被应用于不断变化的科学与工程研究之中，避免造成决策者个人主观臆断，增添了决策的民主化成分，很多机构在重要决策时都采用同行评议，这就使得同行评议逐渐成为决策过程中不可缺少的重要环节。

（三）科学评价中同行评议的增值效应

同行评议有多方面的科研评价用途。（1）它可作为质量控制器，以避免浪费资源，例如，同行评议杂志中刊登的论文一般都具有最低的质量临界线，这使读者可以把有限的时间资源集中于这类杂志刊登的高质量论文；同行评议选定的研究项目和研究计划（或要继续实施的研究项目和计划）一般都具有最低的质量下限，从而可以把宝贵的劳力资源和硬件资源集中于所选择的高质量科研任务；（2）科研项目或计划经同行评议认可后，它的合法性和资格获得了科学共同体或其他共同体的认可，从而增加了项目和计划的可见度以及对它们的支持程度；（3）同行评议既是一种有效的资源分配机制，也可以比较准确、可靠地预见研究的影响；（4）适当地开展同行评议有助于研究资助者正确地了解、掌握研究执行的质量、研究的相关性、研究的管理质量以及研究发展方向等方面的适宜程度。[①]

（四）同行评议的盲点——对革命性创新性理论的失效

同行评议并不是完美无缺的，美国是实行同行评议制历史比较悠久的国家，但也曾经出现过两次美国国家科学基金会（NSF）对同行评议不信任案，要求国会出面去调查同行评议中的不公正行为。英国历史研究会的咨询委员会（ABRC）在 1989 年 9 月决定进行同行评议的现状调查，这也多少和公正性有关。一年多的调查让他们得出这样的结论："同行评议有明显的固有不足。"[②]

科学研究的创新类型有两种：一为革命性的创新，一为一般性创新。对第一种类型的创新来说，同行评议是失效的。革命性的创新就是拉卡托斯所说的"硬核的转变"，或者是劳丹所说"科学传统的变迁"。硬核不仅包括科学家共同采用的符号、科学理论的核心内容，以及具体的解

---

① A. F. J. Van Raan, "Advanced Bibliometric Methods as Quantitative Core of Peer Review Based Evaluation and Foresight Exercises", *Scientometrics*, Vol. 36, No. 3, pp. 397–420.
② 参见《国家自然科学基金项目管理规定（试行）》第十六条。

题范例，还包括共同的科学信念和其他的内心因素。当提出创新性极强的课题时，不单意味着科学理论要发生重大变革，也意味着科学家的心理、思维方式、世界观、习惯、方法要发生一场变革。当科学革命发生时，变革前后的科学理论代表不同的传统，两种科学传统具有"不可比性"和"不相容性"，因此没有可以沟通的"逻辑通道"，受旧传统影响的科学家（即同行评议专家）很可能难以理解创新性极强的理论，他们往往会按原先"行之有效"的评价标准处理，对这些创新性很强的理论加以反对。

在评价创新性极强的理论、方法、技术时，尽管同行评议方法会出现盲区，但若认真遴选评审专家，同行评议方法仍然可以采用，只是同行评议专家不能由遵循旧科学传统的人担任。当某一种"科学传统"或某一种"范式"占主导地位时，总会有一些科学家游离在主导科学传统（或范式）之外，在任何时候都会存在学派之争的。

基于对科学评价活动的理解与同行评议方法作用与局限性诱发因素的分析，我们认为同行评议方法的使用效果最终取决于同行专家的选择和评价标准的制定，而其中专家识别与专家库建设又是科学合理进行专家筛选的两个不可或缺的环节。专家识别服务于专家选择，而专家选择是组成同行评议专家的一个关键环节，这个环节处理的好坏，直接关系到方法使用的效果，也可为进一步研究同行评议专家库建设问题提供一个思路和要求。

第四节　科学计量

一　科学计量——科学共同体外的科学评价

以评价执行者的角度来划分，科学评价的发展历史第二个阶段，主要是指从科学共同体外部进行科学评价，即科学计量。①② 工业国家从科学共同体外部评价科学活动的历史可以追溯到 20 世纪初欧洲和苏联学者对书目引文的统计分析。对科学计量学的界定，实际上也可以看成对文献计量学的定义，因为它与西方信息科学家所说的 "文献计量学" 术语的含义很接近。20 世纪 60 年代初期，美国耶鲁大学普赖斯（Price S）发表了《小科学、大科学》、《巴比伦以来的科学》和《科学论文的网络》，由此诞生了一门全新的学科——科学计量学，③ 科学计量学家们的成就吸引了世界上不少学者从事这个领域的研究，并为许多用户，如政策分析人员、决策者以及政府官员等提供了多种有用数据。

计量方法主要用于定量地测度科学研究的产出数量和质量。从计量分析用于科学评价的发展历程来看，可以把它划分为以下两个时代④：

① 蒋国华等:《同行评议之路: 科学计量学指标的应用》，载《科研评价与指标》，红旗出版社 2000 年版，第 39 页。
② 刘作仪:《评价政府资助的基础研究: 理论基础与方法选择》，博士学位论文，武汉大学，2003 年，第 56 页。
③ 罗式胜:《从文献计量学、科学计量学到科学技术计量学》，《图书馆论坛》2003 年第 3 期。
④ 刘作仪:《评价政府资助的基础研究: 理论基础与方法选择》，博士学位论文，武汉大学，2003 年。

（一）文献计量学阶段（1961—1974）

在文献计量学出现之前，理解科学的方法，都需要科学家的合作和参与并很可能掺杂科学家个人的私利和偏见，难以客观地反映科学发展的实际情况。文献计量学的开拓者力求探索用独立于科学本身的方式理解科学。早在 20 世纪 60 年代，开拓者认识到首先需要重建科学的结构和结果，然后，监控、预测科学发展的结构和结果。基于这种认识，加菲尔德（Garfield）和普赖斯（Price）提出应该用公开的、正式的科学交流系统反映科学发展情况，并以科学引文索引（SCI）为平台创立了一系列概念和测度方法，这些概念和方法成了文献计量学的基础。[①]

计算机技术加快了 SCI 在科研评价中的应用步伐：期刊出版物不仅可以按作者统计，而且可以按作者所在单位统计；通过同引分析不仅可以判断对科学发展做出连续贡献的、有影响力的科学家，而且可以揭示不同领域之间的联系以及研究上的网络关系等。

20 世纪 70 年代中期，文献计量学家构建了科学活动中领域与层次上的结构图和图形图，描述了不同时期科学共同体的研究重点、学术带头人和专业期刊的发展变化情况。文献计量分析开始成为一门独立的分析科学发展情况的工具，文献计量学进入了普赖斯称谓的"科学的科学"这个发展阶段。

（二）科学计量学阶段（1975—）

20 世纪 70 年代后期，一些国家的政府认识到，尽管

---

① Sussan E. Cozzens, "Taking the Measure of Science: A Review of Citation Theories", *International Society for the Sociology of Knowledge*, *Newsletter*, Vol. 7, May 1981, pp. 22-28.

科学计量分析存在一些难以克服的缺陷，但是，它仍具有一定程度的科学性和客观性，是一种比较可靠的科学政策分析工具，因此，他们开始有选择地资助学者利用科学计量指标预测最有前途的研究领域，识别有望做出最大贡献的领域，他们的分析结果成为政府制定政策的参考依据。

目前，科学计量分析方法的不断完善使它成为科技政策中的一门定量分析工具。正如有学者指出的那样，"以加菲尔德《科学引文索引》为基础的科学引文计量研究及其巨大的应用需求，早已超出了当年该《索引》最初只是用于文献检索和浏览的设计功能与考虑。它已经与评价科研机构及公司科技绩效的各种计量指标紧密地联系在一起"①。

二　科学计量学在科学评价中的作用

科学计量学是定量统计分析科学文献的一门学科，其目标之一就是建立评价科学的指标体系，对科学领域以及分支学科、课题小组、高等学校、国家地区等进行研究，利用统计分析、概率论、聚点分析、矩阵分析等数学工具，对论文、引文、科学期刊、学术成果、科学家等进行一系列的定量探索和研究，从而为严谨地评估个人、机构、国家的生产率、发展趋势和科学活动水平，刻画科学发展前沿的进展，甚至预测诺贝尔奖的人选，提供定量分

①　Koenig, M., Westermann-Cicio, M., "Scientometrics, Cybermetrics and Firm Performance", *The Second International Symposiumon Quantitative Evaluation of Research Performance*, Shanghai, China, October 23, 2000, p. 56.

析的依据。① 广泛应用于科学基金项目管理、科研主体实力考察、科技发展规划制定以及学术期刊质量评估等许多方面。②

科学计量学中最基本的方法是科学文献的引文分析方法，这也是国际上最有效的测度各国基础科学发展的水平与速度的方法。特别是加菲尔德创办的《科学引文索引》（Science Citation Index，SCI）的问世，为这一方法的广泛运用提供了强有力的数据支持。科学计量学的发展，使科研绩效的评估向着更加科学化的进程迈进。在这方面，集中度定律、洛特卡定律、布拉德福定律、齐普夫定律、普赖斯定律、引文定律、文献老化定律、文献增长与冗余定律等文献计量学理论，为科学计量学在科研绩效评估中的应用提供了一个广阔的前景。③

三 科学评价活动中科学计量指标的引入及其方法论原理

科学计量指标之所以能成为制定科学政策评价的一种支持工具，是由科学文献本身的属性以及科学计量指标分析方法的科学性这两个因素决定的。

（一）科学文献本身的属性

科学研究的新发现通常要在科技期刊上发表。一个新学科的标志就是创建一份专业杂志，来满足该学科科学家

---

① Garfield, "The Oretical Medicine's Special Issue on the Nobel Prizes and Their Effecton Science", *Current Comments*, Vol. 37, 1992, pp. 137–146.

② Sussan E. Cozzens, "Taking the Measure of Science: A Review of Citation Theories", *International Society for the Sociology of Knowledge*, *Newsletter*, Vol. 7, May 1981, pp. 22–28.

③ DeBruin R. E., Kint A., Luwel M., et al., "A Study of Research Evaluationand Planning: the University of Ghent", *Research Evaluation*, No. 3, 1993, pp. 25–41.

学术交流的需求。文献能在专业期刊上发表，是科学共同体对作者研究工作的基本肯定。以文献为载体的研究成果，从投稿到发表实际上是一个同行评议过程。这个过程对促进科学的发展至关重要，因为，使得科学成为一种建制的东西就在于科学家不仅渴望，而且也被期待将他的发现或成果提供给他的同行共同体，由共同体审定他的成果，并且把科学中最珍贵的东西，即把同行们对其成果的承认以一种荣誉状的形式授予他。这一建制决定了科学家既作为信息的提供者，又作为批评者和承认者来参与信息和认识之间的交换；[①] 同时，也决定了科学文献具有如下属性：

（1）科学文献是科学家发表研究成果和进行交流时最理想的场所；

（2）科学文献几乎是整个科学产出的载体，是科学发展全貌的客观反映；

（3）科学文献是科学共同体对研究工作的客观评价的反映，是衡量科研工作质量的重要途径。

（二）科学计量指标的方法论原理

科学指标是反映科学活动中各种现象在具体条件下和特定过程中的数量关系的一种测度单元，它用于从数量上描述对象及其行为状态特征。由于研究活动的主要成果是知识与思想、研究方法与策略等无形财富，因此，反映这些无形财富的有形实体——科学和工程文献及其数量上的关系，便成为测度科学活动的一种重要指标。

利用科学指标描述科学研究活动时要考虑以下两个问

---

① ［美］理查德·P. 萨特米尔：《科研与革命》，袁南生等译，国防科技大学出版社 1989 年版，第 10—11 页。

题：（1）科学研究的哪些方面可用指标进行描述？（2）哪些方面可以用定量方式进行适当的表述？根据上述原理，我们把可以利用文献计量指标构建的科学指标分为以下三种类型：（1）科学产出的规模和特征；（2）科学影响的范围和特征；（3）科学的结构特征。其中，第一、二类指标是分析研究绩效最重要的指标，第三类指标可用于分析学科领域之间的关系和科学的布局。

从方法论上讲，可把科学计量分析划分为一维分析方法和二维分析方法，用于一维分析方法的指标称为一维指标，用于二维分析方法的指标称为二维指标。一维分析方法以具体科学文献单元（如出版物数量和专利数量）的直接计算为基础。之所以称为一维分析方法，原因在于该方法一般是基于数字的罗列。二维分析方法以不同出版物中同时出现的特定学术名词（即关键词）和引文为分析对象，即共词和同引分析，通过统计揭示关键词之间、引文之间的联系。在充分地掌握了大量数据时，所有这些联系可以聚合成理想的结构，从而可以在二维空间——科学地图中展现出来。在上述三类科学指标中，前两类主要由一维分析方法进行测度。例如，科研产出的规模（科研生产力）由出版物数量计算；产出的影响（可视为"科研质量"）由特定时期内出版物的引文数量计算。[①]

四　基于科学计量指标的科研评价

（一）科学产出量及其质量的分析与评价

科学产出量及其质量分析主要利用一维指标。分析时，

---

① 刘作仪：《评价政府资助的基础研究：理论基础与方法选择》，博士学位论文，武汉大学，2003年，第68页。

可以把对象划分为三个层次：①微观层次，主要指研究者个体、研究小组以及某个研究项目等；②中观层次，主要指研究机构，如研究院所、大学、公司，以及研究计划和学科领域等；③宏观层次，主要指国家（包括地区和部门）、区域和国际性组织。

需要指出的是，尽管在分析框架内可以测算研究者个体的产量与质量，但是，科学计量方法并不是测量研究者个体产量的有效方法，因为，不同个体在研究领域、研究方向、研究手段等方面具有巨大的差异性，因此，必须把这种方法与其他方法结合起来使用才能进行有效量度。①②

科学产出量和质量是一个相对概念，这就决定了分析一般都是在比较框架下进行的。传统上，这种比较包括两个方面：①某个科学领域中，一个国家的论文数量（引文数量）占该领域全球论文总数（引文总数）的份额。这个指标可以粗略衡量国家在不同学科领域的研究力量。②某个科学领域中，一个国家论文引用率与该领域全球论文引用率的比数。这个指标可以粗略评价国家在不同学科领域的研究质量和地位。③

（二）流向分析

科学与技术的发展是研究人员彼此交流知识和合作劳动的结晶，因此，有必要建立指标考察、判断这些交流网

---

① Martin, B., R., I., Irvine, "Assessing Basic Research: Some Partial Indicators of Scientific Progress in Radio Astronomy", *Research Policy*, Vol. 12, 1983, pp. 61-90.

② Narin, F., "Evaluative Bibliometrics: The Use of Publicalion and Citation Analysis in the Evaluation of Scientific Activity, Washington D. C.", *National Science Foundation*, 1976, p. 56.

③ 刘作仪：《评价政府资助的基础研究：理论基础与方法选择》，博士学位论文，武汉大学，2003 年，第 68 页。

络的状况，制定合理的政策以促进科学研究中的交流与合作。

科学交流与合作过程实际上是知识流动的过程，可以用研究人员的流动来分析科学交流与合作的现状，我们可以把这种分析称为流向分析，它主要利用指标反映研究者个体、研究机构、研究领域以及研究活动的目标部门之间的关系，例如大学与工业界之间的联系，科学与技术之间的联系，乃至地方政府与国家之间的合作等。反映这些关系的指标是测度研究人员结合的行为和过程、一个国家合作网络的范围的重要指标。

科学文献中列举的合著者之间的关系是描述科学各领域合作研究的理想指标，因为，当两个或更多的研究人员联合发表论文时，可以肯定这些作者之间存在知识或社会联系。可见，分解文章作者地址中包含的信息，把这些信息与科学期刊涉及的学科联系起来，就可以观察到科学交流诸多方面的具体特征，识别研究活动最主要的合作者，初步反映知识在国家、地区、工业部门以及研究机构之间的流动情况，揭示国家创新系统的各个部分之间的联系。[①]

（三）基于"科学地图"的科学结构分析与评价

科学是由许多相互关联的活动构成的一个复杂的多相系统。系统地调查这些相互关联的活动形成的关系网络，亦即科学的结构，是科学政策研究的一个重要部分。当今，科研信息量浩如烟海，而且仍呈现出不断增加的趋势，因此，需要用合理、可行的方法对有用数据进行压缩整理。在这方面，用复杂表格列举大量数据的方式并不

---

① 刘作仪:《评价政府资助的基础研究：理论基础与方法选择》，博士学位论文，武汉大学，2003年，第88页。

能直接展示科学活动中已存在的和潜在的相互联系，只能借助于"绘图法"，即绘制"科学地图"的方式解决这个问题。

利用"科学地图"方法对信息整序的优点是多方面的，（1）"科学地图"不仅把数据转换成了特殊的图解描述，而且在绘制地图过程中完成了数据的压缩与整理，保留了那些有意义的、本质的信息；（2）能使大量数据以及它们之间的复杂关系可视化，使用者可以在较短时间内对数据进行更完全的概括。而且，视觉信息更易于记忆；（3）科学地图不仅适合于描述静态结构，而且时间系列性的地图能使科学的动态特征可视化，例如，一段时期内研究领域发展中出现的重要变化，或国家、研究组织研究重点的变化。

利用科学计量方法提供的信息可以绘制三种类型的科学地图：共词地图（构建相关关键词的结构）、同引地图（构建相关参考文献的结构）、关键词与引文相结合的地图（关键词与引文相结合而形成的结构）。[①] 每一类型都能反映不同层次（范围从科研小组到整个国家或整个科学领域）的科研活动。

（1）同引地图。是以两篇特定文献被其他文献同时引用的次数为基础而构建的地图。[②] 由于同引关系来源于科学计量中的引文分析，因此，具有同引特征的文献可能反映了科学文献在认识上具有相关关系以及社会网络关系。

---

① Braam, R. R., Moed, H. F., VanRaan, A. F. J., "Mapping of science by Combining Co‐Citation and Word Analysis, Ⅰ: Structural Aspects; —Ⅱ: Dynamical Aspects", *Journal of the American Society for information Science*, 1991, p.55.

② Small, H., Sweeney, E., Greenlee, E., "Clustering the Science Citation Index Using Co‐Citations, Ⅱ: Mapping Science", *Scientometrics*, Vol.8, 1992, pp.321–340.

当具有同引关系的文献积聚成大量的系列性的文献时，据此形成的同引图可以反映出有相关关系的"研究群落"，即研究的各个专业领域及其相互关系。但是，同引地图不能克服引文分析本身固有的缺陷。

（2）共词地图。共词分析依赖于词本身的特性，即词语是科学概念的首要载体，它们涵盖了无穷的知识领域。某个术语出现于一系列出版物中，可以初步说明这些出版物在这个术语所表达的意义上形成了网络关系。根据共词出现的频率构建的"共词地图"可以体现某个科学领域的研究主题及其相互联系。[①] 但是，词除了具有描述意图外，还有其他目的，它们表达的意义要依据其出现的环境来理解。

科学地图可以作为寻找、识别和分析出版物中反映的科学活动的结构的工具。它们可以指明正在出现的科学领域、正在出现的新的研究活动，有助于我们洞察国家或科研单位在某个研究领域中的地位。尽管专家的知识背景和观点可以用于描绘地图，但是在描绘地图时数据的积聚并不依赖于专家。因此，可以说地图描绘方法独立于专家个人意见。在研究领域非常广泛而且各不相同的实际情况下，这种做法是非常有利的。但这并不意味着地图可以替代专家的观点。以上分析表明，科学计量指标的统计与分析能够比较全面、扼要地展示科研活动的发展情况。它们可以测度科学研究活动的某些重要方面，包括研究绩效、知识转移和扩散情况、科学与技术的联系、不同时期科学领域的结构、国际合作等。这些方面是制定政府科学政策

① Callon, M., Law, J., Rip, A., *Mapping the Dynamics of Science and Technology*, London: Mac Millan Press Ltd., 1986, pp. 120-122.

不可缺少的辅助信息。实际上，发达国家十分重视科学文献计量指标在科学政策分析中的应用。30 多年前，OECD 就开始利用科学计量指标监控国家科学技术系统的变化。[①] 但是，知识生产和知识交流本身是一个非常复杂的体系，由于科学计量分析仅仅注重科学研究的结果而忽略研究过程，其分析结果必然伴有不准确性和片面性，因此，在分析过程中它仅仅是辅助工具之一。

---

① OEDC, *Proposaled Standard Practice for Surveys of Research and Experimental Development* (Frascati Manual), Paris, 1994, pp. 54-56.

第三章

相同学术范式同行评议
专家的选择问题

在科学评价活动中，每个学科领域都会存在大量持有不同学术观点、不同学术理论纲领的学者。对于科学评价的管理者来说，辨识不同学科领域中评审专家的学术派别，可以为"非共识"项目提供专家意见的背景资料，更客观地明晰专家评审中出现的意见分歧以及为确定选择合适的评审专家提供可行方案。

第一节　跨学术范式的同行评议存在的问题

同行评议方法应用于科研项目管理绩效评估时，由于这种方法本身固有的局限性和评估组织者对此认识不足、使用方法失当，有可能导致评估结果出现严重偏差，从而使同行评议方法陷入信任危机。自 1950 年美国国家科学基金成立以来，在其决策过程中居核心地位的同行评议方法就曾两次陷入这样的信任危机。在这两次信任危机中，美国国会都对同行评议方法进行了调查，虽然两次调查的结果都肯定了同行评议方法的实用性和不可替代性，但这并不能掩盖同行评议方法的局限性。同行评议的过程中存在的种种偏差，有些是由同行评议方法的本质决定的，有些则是同行评议制度的不完善造成的。

同行评议方法的本质是科学共同体对基础研究成果价值进行主观评判，而科学共同体是由具有相同科学范式、是非标准和道德要求的科学家组成的，其通常的任务之一是开展常规科学的研究活动。常规科学的两个基本特点是：挑战性和保守性，常规科学的保守性既有消极意义，也有积极意义。从消极方面来看，这种保守性要求常规科学研究以不触犯或者说不违反科学范式为先决条件，这也就决定了某一科学共同体对那些威胁到其严格遵循的科学范式生存的创新性成果的抵触态度，致使某些持不同学术范式的科研成果的科学价值被严重低估。

由于同行评议方法是一种主观评价方法，而评议专家往往是各个研究领域的权威，容易为固有的研究范式所影响，思维具有一定的局限性，在思想上可能趋于保守，因而结果往往偏向于持相同学术范式、有着较高成功概率的项目或比较成熟的成果，这使得一些持不同学术范式、创新性强的研究项目、研究成果的科学价值常常被低估甚至完全否定。

第二节　科学结构中的多学术范式

一　科学学派多理论纲领并存的原因

所谓科学学派，就是指拥有独树一帜的理论纲领（或科研风格）以及相同的学术"范式"，由核心人物及其追随者组成的享有崇高集体威望的科学共同体。简言之，科学学派是一个有"核"的共同体。它的形成既包括科学知识因素，又包括科学社会因素，因此，它的形成有其特定的科学社会背景。①

科学研究是一项探索性的实践活动，它的对象是极其复杂的客观世界，它要受到诸如世界观、思维方式、研究方法和角度以及文化传统等多种主观因素的影响。因此，即使是研究同一对象，探索同一问题，都可能得出不同的看法，形成各式各样的理论纲领或科研风格。

比如，人们的知识背景、研究问题的方法和角度不同，会导致不同观点、不同研究纲领、不同学术"范式"的形成。或者，由于每个科学家都处于不同的社会集团里，他们的观点不可避免地要受到该集团文化传统的熏染，这种文化传统包括学术传统使得不同集团的科学家的思维方式、价值观念和研究方法、出发点乃至整个科学观都显示出不同的文明色谱，从而形成不同的学术观点和不同的科研风格。另外，研究对象的复杂性也是产生不同学术观点、不同学术"范式"的一个不可忽视的原因。这些因素并非独立地起作用，它们常常是错综复杂地交织在一起共同作用。总之，这诸多因素的影响必然导致多种理论纲领、多种学术"范式"的产生，这种多种理论纲领及学术"范式"并存的势态是科学学派理论纲领产生的前提。

二　科学学派及学术范式的特性

并非任何一个理论纲领都能导致一个学派、"范式"

---

① 李伦：《试论科学学派的形成机制》，《科学学研究》1997 年第 9 期，第 17—23 页。

的产生。事实表明，能成其为科学学派之理论纲领的还必须具备以下几个基本特征：

（1）革命性或根本性。有些科学学派理论纲领或学术"范式"并不具有明显的革命性，但它往往具有根本性、原则性，它涉及本学科或某分支领域中一些最根本的问题，如研究方法、出发点以及研究角度等。它的产生常常会引起人们对该分支领域整体的重新认识，或是会大大改进和推进该领域的迅速发展。

（2）前科学性。如果某个理论一经提出就能立即被人们普遍接受，那么这个理论一般不能成为科学学派的理论纲领或直接形成学术"范式"。正如库思所指出的，当一些重大科学成果被整个科学共同体承认和接受，那么科学学派就不会产生。换句话说，当科学学派的理论纲领成为该学科的范式时，学派就会消失，它本身也就仅作为一种历史而存在。因此，科学学派及学术"范式"不是常规科学的产物，这种前科学性实质上反映了多种理论纲领"群体竞争"的势态，只有那些彼此难以说服对方、不能取得一致的理论纲领，才可能发展成科学学派和不同的学术"范式"。

（3）理论纲领群落中的"优势种"。如果理论纲领仅仅具有前科学性，或者说千人各异，那么学术界只会是一片混沌，不会出现鹤立鸡群的科学学派和学术"范式"。因此，形成科学学派和学术"范式"的理论纲领往往是其中的"优势种"，具有强大的集结、结晶作用，即只有当一个理论纲领能够吸引一定数量的研究者时，新的学派、新的学术"范式"才能产生。否则，即使具有革命性、根本性，也难以形成学派和学术"范式"。

综上所述，多种理论纲领并存的局面是科学自身逻辑发展的必然产物，但只有那些具有革命性或根本性，前科学性的"优势种"才导致科学学派及学术"范式"的形成。

第三节　找寻相同学术范式同行评议专家的意义

一　将不同学术范式导致的同行评议误判率降至最低

常规科学的研究内容是严格收敛于某一科学范式所规定的狭小范围内的，这样做的好处能够对某一科学问题进行仔细而深入的研究，但是这也造成了这样一个问题：学科领域越分越细，学科分支愈来愈深，学术范式差异也越来越大。即使在同一个学科内，同行评议专家也不可能完全了解所有的学科分支，所持的学术范式也不一样，甚至差异很大。

由于同行评议方法是一种主观评价方法，而评议专家往往是各个研究领域的权威，容易为固有的研究范式所影响，思维具有一定的局限性，在思想上可能趋于保守，因而结果往往偏向于持相同学术范式、有着较高成功概率的项目或比较成熟的成果，这使得一些持不同学术范式、创新性强的研究项目、研究成果的科学价值常常被低估甚至完全否定。

为了将由学术范式的差异引起的同行评议的误判率降至最低，可以寻找具有相同学术范式的同行作为科学评价项目的评审专家，以确保同行评议结果的公正。

二 "非共识"和创新性项目评审专家意见分歧的判断依据

不同的学术范式的同行评议专家在科学理论上存在差异。最先表现为作为其认识和研究活动出发点与理论支撑点的最基本的理论假设、理论原理和理论观点上的差异。这里的基本理论假设、理论原理和理论观点如同拉卡托斯研究纲领中的"硬核"，它们是构成范式和科学理论体系的基础理论部分或核心部分，并且是坚韧的、不许改变的和不容反驳的。所以当评议专家评审科学项目时，很可能由于各自学术观点、学术范式不同，而对同一个科学评价项目给予不同的分数，致使出现"非共识项目"。如果科学评价管理者能够比较了解同行评议专家的学术背景和学术范式以及所属学派，那么就很容易知道"非共识"项目的产生是来源于选择同行评议专家的差异，还是由于"非共识"项目确实属于理论本质创新性项目。这样，科学评价管理者就可以明确如何比较好地处理由评审专家意见分歧造成的"非共识项目"。

创新所引起的"非共识"问题有其特殊性，表现在如下几个方面：

（1）具有实质性创新意义的科学项目，必然是在某种程度上突破或重构了该学科研究的旧的范式。当一个科学项目申请刚处于设想阶段的时候，同行往往很难接受其中的创新学术思想。在科学史上，即使是已经做出的创新成果，长时间被持旧范式的同行科学家拒绝接受的事也是经常发生的。由于新、旧范式的交替是一个实践与认识的过程，因此对创新性强的科学评审课题的同行评议结果，人们经常一时难以找出足够的理由和证据加以肯定或否定。

（2）由于创新科学评议项目研究的往往是尚无人涉足的领域，严格地讲，此时"同行"尚未产生，或者说只存在"大同行"，那些参与项目评议的"同行"专家，只能依赖自己在相近领域工作的知识和经验进行判断，所以结论一般带有不甚肯定的特征。

（3）对科学项目申请者来说，由于科学项目申请的探索性很强，因而对研究范围、研究方法、技术路线的阐述很难做得清晰而明确。因此对创新性科学评议项目的评议结果中产生的"非共识"问题，除表现在对创新与否、研究方法和技术路线的选择及研究条件成熟与否的分歧以外，往往对其研究方案、研究范围是否明确、具体有不同看法。

总之，我们认为实质性创新所引起的"非共识"往往涉及不同学术观点、不同学派或不同的科学信念的分歧。这种分歧一般来讲是较难在短期内统一的。有时即使由"权威人物"做出了裁决，也很难说这种裁决就一定是恰当的。

综上所述，相同学术范式同行评议专家的选择，在科学评价中具有重要的意义：识别某一特定科学领域评审专家们的学术派别、范式和他们所持的理论纲领，避免同行评议方法低估跨学术范式的科研成果价值，并成为判断"非共识"项目和创新性项目评审专家意见分歧的依据。针对找寻相同学术范式同行评议专家的选择问题，我们可以将科学计量学方法引入同行评议。

第四节　解决方案：可视化著者
同被引（ACA）技术

一　著者同被引（ACA）的理论基础

（一）文献同引

苏联情报学家伊琳娜·玛莎科娃和美国科学计量学家亨利·斯莫尔于 1973 年分别提出文献同引的概念（Co-citation），作为测度文献间关系程度的一种方法。所谓文献同引，就是两篇论文同时被后来的一篇或多篇论文引用，同时引用这两篇论文的论文篇数被称为同引强度。用集合论的语言描述同引强度更容易理解。假设 A 是引用了文献 X 的论文组成的集合，B 是引用了文献 Y 的论文组成的集合，则 A∩B 是同时引用了 X 和 Y 的论文组成的集合，那么 A∩B 中的元素数即为文献 X 和 Y 的同引强度。

斯莫尔在 1973 年提出的文献同引概念，是作为描述科学领域内重要概念之间关系和模拟科学知识真实结构的一种方法。文献同引分析是最基本的同引关系，它反映了同被引论文之间的结构关系，进而揭示学科之间的某些联系。通过文献同引分析，可以了解同被引文献簇的特征结构，不同理论纲领、学派的汇集过程，学科、文献类型、语种等的分布形式，以及科学文献体系中互相引用的规律性。通过分析同被引文献群网络结构及其变化趋势，可进行科学学和科技管理方面的研究。研究学科之间或整个科学体系中相互联系、相互作用的发展变化状况及其不同理论纲领、学派的发展趋势。

（二）著者同引分析（Author Co-citation Analysis，ACA）

著者同引分析（ACA）也是由文献同引关系引申发展而来，它以著者作为同引分析的计量单位，研究 n 个（n>2）著者发表的文献同时被其他文献著者引用的情况，其同引强度以引用文献的著者的数量来衡量。

著者同引是通过同被引文献的著者建立同引关系，使众多的著者按照同引关系形成一个著者相关群，揭示出学科专业科技人员的组织结构、联系程度，并进而反映出学科专业之间的联系、学派汇集过程及其发展变化状况。通过著者同引分析，可从帮助了解科学共同体内著者的研究情况，了解本科学共同体内著者有关数量、构成、活动规律、研究进展等方面的情况，加强科学交流，开展合作攻关，促进科学研究的深入和发展。同时，通过同引著者群数量及核心著者群数量的变化，预测学科发展的趋势。学科及科学体系的发展变化、学派的分化、渗透必然引起著者群体在数量和结构上的演变，所以如果能够定期考察和分析著者队伍的变化，就可以跟踪和推测学科或专业的发展方向和趋势。

著者同引聚类是指某一学科内的高频被引著者，这些著者对该学科内的其他著者具有聚类的作用。从著者聚类网络可以分析该学科领域内的学科带头人；从著者与著者间的疏密关系，可以看出著者研究领域的相似程度；高频著者的研究课题也可以从侧面反映该学科的发展方向。例如，著者 A 和著者 B 同时被后来的 1 篇文章引用，这也许说明不了太多问题，但如果著者 A 和著者 B 同时被 100 篇文章引用，这可以说明的问题就很多了。至少可以说明著者 A 和著者 B 的研究领域非常相似或者二者提出的理论具有某种互补性。可以通过同引网络图直观地分析这些著者与著者之间的相互关系。

二　可视化著者同被引（ACA）方法

信息可视化（Information Visualization）概念是由计算机图形协会成员 Mccormick 在 1987 年提出的，其宗旨是在计算机协助下，通过对数据可见的、交互的表示，洞察数据，发现信息。可视化技术用于 ACA，将著者表示为二维空间的点，而用连线表示著者间关系，在此基础上将著者划分为不同理论纲领以及学术派别分支，并转化成可视化信息检索界面（VIRIs）。[①]

三　国外成熟的可视化著者同被引（ACA）技术——AuthorLink

德瑞克塞大学的 H. D. White 博士是 ACA 技术的开发者，他带领由 Xia Lin 等人组成的研究小组正在开展实时环境下 ACA 绘图及主题检索的研究。这种基于 Web 的实验系统名为 AuthorLink。这一系统是基于信息可视化技术实现的，目前 AuthorLink 在德瑞克塞大学的网站上运行。

（一）AuthorLink 的显示方法

在 Author Search 中输入 Kuhn，屏幕左边的对话框显示出与 Kuhn 同被引的著者姓名，可以点击 Map It Now，立即生成著者间同被引的关系图，此外也可以点击 Download Data，下载所需数据。同被引著者图的图形显示方法（Map Type）有三种：区域显示法（Regions）、线性连接

---

① 贺颖：《可视化著者同被引（ACA）技术对科学结构研究的应用》，《第二届中国科技政策与管理学术研讨会会议论文集》，2006 年，第 347—355 页。

法（Links）以及信号旗显示法（Pennants）。在区域显示法中，参见图3—1，同被引的著者如同国家地图中不同城市处在不同的行政划分区域中一样，被安排在关系图的不同部分，以此显示著者间同被引关系。在线性连接法中，参见图3—2，同被引著者之间的关系表现得最为明显，并可以选择Show the Number来表明同被引强度。在信号旗显示法中，参见图3—3，著者之间的关系按同被引强度划分为几个等级，可以表示不同著者与Kuhn的研究内容和主题的差异程度。比如，若想获得Price DD与Kuhn同被引的文章题名和内容，可以双击图中著者的名字，将其加入"Additional Authors"中，然后点击"Go get it"，就可以看到哪些人在其文章中引用了Price DD和Kuhn的著作，以及这些文章的题名和发表时间，如图3—4所示。

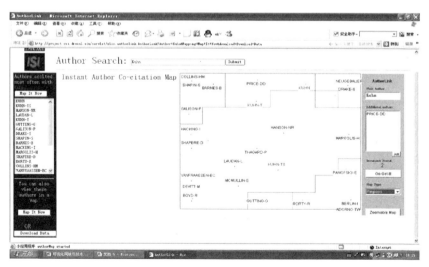

图3—1　AuthorLink的著者区域显示结果

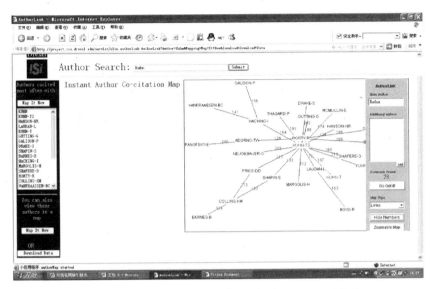

图 3—2 AuthorLink 的著者线性连接显示结果

图 3—3 AuthorLink 的著者信号旗显示结果

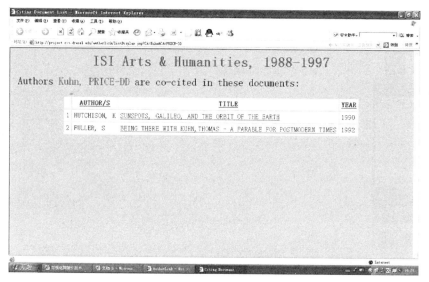

图 3—4   AuthorLink 著者同引的引证文献结果显示

（二）AuthorLink 对科学评价的作用

在 AuthorLink 区域显示结果图中，我们可以看到某个学科领域中不同的区域代表不同的学术纲领和学术派别，而且不同区域面积的大小也代表了持不同学术观点的学术派别人数的多少，在一个区域内，用红点代表某位学术专家，红点与红点的距离远近则表示处于同一科学共同体内，专家与专家学术观点的差异程度的大小。在 AuthorLink 线性连接图中，我们可以更好地辨识某一学科中专家学术观点相互影响及其学术观点的关联程度，明晰形成不同学术派别的过程。AuthorLink 信号旗显示图可以为我们显示某学科领域内科学共同体之间的关系以及同被引强度的等级，而且可以表示科学共同体内部成员不同研究内容和主题的差异程度。

第五节　实例：利用可视化（ACA）技术辨别评议专家的学术范式

假设以"科学计量学"为同行评议领域，利用可视化著者同被引（ACA）技术观察在科学计量学领域中同行评议专家们和评议申请者所处的科学学派以及所持的学术范式。[①]

一　数据来源的选定

《科学计量学》（*Scientometrics*）是世界上最早的，也是唯一的一份以科学计量学的学科命名的国际性期刊。国际科学计量学权威期刊《科学计量学》创刊于 1978 年，许多在科学计量学的"无形学院"中有影响的人物都曾是它的编委会成员，包括加菲尔德、普赖斯等，它的执行主编布劳温（Braun）来自匈牙利国家科学院图书馆的信息科学及科学计量学小组（ISSRU）。《科学计量学》一直站在科学计量学研究与发展的最前沿，报道与世界发展相关的各个国际议题，以及全部主要的科学计量学领域的国际会议，意欲为所有定量化的科学发展评价研究提供舞台。因为《科学计量学》这本期刊的研究很好地反映了科学计量学领域的发展，所以用它作为数据来源期刊。全部数据来源于美国科学情报研究所（ISI）的《科学引文索引》数据库（SCI），数据的最后更新时间为 2008 年 1 月 25 日。

---

① 贺颖：《基于可视化 ACA 技术的同行评议专家学术范式辨别研究》，《图书情报工作》2010 年第 2 期。

二　过程说明

进入 ISI Web of Knowledge 中的 Web of Science 数据库，选择 Cited Reference Search，在被引期刊名称中填入 Scientometrics 进行检索，从《科学计量学》创刊至 2008 年一共有 1781 篇论文被引用，由《科学计量学》被引论文可追溯到来自其他期刊的 3843 篇引用论文。将这 3843 篇论文的数据单元下载，并使用 Bibexcel 进行分析。下载同行评议专家们重要数据单元，主要有著者姓名（Author(s)）、标题（Title）、关键词（Keywords）或关键词附加（Keywords-plus）以及学科类别（Subject Category）、参考文献（Reference），通过这些重要的数据单元进行同行评议专家的著者同被引分析。通过 3843 篇论文所附带的参考文献信息，得到著者被引次数总排名，设定被引次数 200 次作为高频被引的标准值，通过 Bibexcel 得到高频被引著者之间的引用频次，然后将此数据导入 UCINET6.0，得到高频被引著者的引用矩阵，并使用 UCINET6.0 所附带的 Netdrew 绘制出科学计量学同行评议专家们高频著者之间关系的三维空间立体网状图。为了更清晰地呈现高频著者群之间学术范式的关系图，可以将图形线段之间关系数据的强度阈值设定为 1000，这样就可以得到一幅比较美观、清晰的科学计量学术范式网络图。

三　结果分析

表 3—1 是将 3843 篇引用论文的数据导入 Bibexcel 后，得出的被引频次超过 200 以上的高频被引同行评议专家的

排名情况，我们可以看到 GARFIELD_E、NARIN_F、EGG-HE_L、LEYDESDORFF_L、BRAUN_T、ROUSSEAU_R、SCHUBERT_A、PRICE_DJD、SMALL_H、WHITE_HD、INGWERSEN_P、KOSTOFF_RN、COLE_S 等都是大家熟知的国际知名的科学计量学学者，分别从事科学计量学不同学术领域的研究工作，比如，BRAUN T 和 SCHUBERT A 主要从事评价计量学中的科研指标与评价工作；NARIN F 和 LEYDESDORFF L 从事评价科学计量学中的另一分支——科学技术与创新研究的研究；GARFIELD E、PRICE DJD、SMALL H 是结构科学计量学中引文分析理论的杰出代表人物；而 WHITE HD 主要从事结构科学计量学中科学知识图谱研究；结构科学计量学的另一学术分支——科学交流则是 COLE S 的主要研究领域；此外，LOTKA AJ、EGGHE L、ROUSSEAU R 分别为动态科学计量学三个学术分支中的文献计量学、信息计量学和网络计量学杰出的理论代表人物。由此我们可以看出，在科学计量学这样的小学科领域中都存在很多不同的学术分支和学术派别，每个学术派别都有各自鲜明的学术范式。

表 3—2《科学计量学》高频被引同行评议专家之间互引矩阵由表 3—1 同行评议专家高频被引频次的数据经过 Bibexcel 的共被引分析而得。比如，第二行第六列的数据 188，是指 BORDONS_M 引用 CRONIN_B 的次数为 188。著者名字用符号"＄"相隔开的数字是每个著者的总计被引频次，如"GARFIELD_E＄1186"是指 GARFIELD_E 发表的所有论文被他人总共引用 1186 次。

表 3—1　1978—2008 年《科学计量学》高频被引同行
评议专家排名（被引频次>200）

排序	被引频次	著者姓名	排序	被引频次	著者姓名
1	1186	GARFIELD_E	19	291	MERTON_RK
2	895	GLANZEL_W	20	251	LUUKKONEN_T
3	723	MOED_HF	21	246	LEWISON_G
4	667	NARIN_F	22	246	VANLEEUWEN_TN
5	622	EGGHE_L	23	245	KOSTOFF_RN
6	621	VANRAAN_AFJ	24	244	BORDONS_M
7	571	LEYDESDORFF_L	25	243	THELWALL_M
8	550	BRAUN_T	26	243	CALLON_M
9	544	ROUSSEAU_R	27	241	ZITT_M
10	540	SCHUBERT_A	28	239	MACROBERTS_MH
11	512	PRICE_DJD	29	235	NEDERHOF_AJ
12	472	CRONIN_B	30	233	TIJSSEN_RJW
13	464	SMALL_H	31	224	MCCAIN_KW
14	414	SEGLEN_PO	32	212	PERSSON_O
15	383	WHITE_HD	33	212	MEYER_M
16	322	KATZ_JS	34	207	BARILAN_J
17	309	INGWERSEN_P	35	206	COLE_S
18	304	VINKLER_P	36	201	LOTKA_AJ

　　图 3—5 是将表 3—2 的高频被引同行评议专家互引矩
阵数据输入 UCINET6.0 后，由 UCINET6.0 自带的 NetDrew
绘制出来的《科学计量学》高频被引同行评议专家的科学
共同体派系网络图。从图 3—5 可以看出科学计量学各学科
及其学术分支相互交叉融合的网络关系，图中圆点表示科
学计量学高频被引的同行评议专家；学术关系由科学计量

学各学科分支的代表人物之间的有向线段相连；有向线段的箭头代表影响；并且用有向线段上标示的数字作为代表人物学术思想和观点以及所持学术"范式"之间的远近差异。线段上的数字只是代表专家与专家学术观点的一个相对距离差值，而不是实际差值。[①]

表3—2　　1978—2008 年《科学计量学》高频被引

同行评议专家互引矩阵（部分）

	BARILAN_J $ 207	BORDONS_M $ 244	BRAUN_T $ 550	CALLON_M $ 243	COLE_S $ 206	CRONIN_B $ 472	EGGHE_L $ 622	GARFIELD_E $ 1186	GLANZEL_W $ 895	INGWERSEN_P $ 309
BARILAN_ J $ 207	426	0	0	0	0	507	372	267	157	259
BORDONS_ M $ 244	0	116	208	0	0	188	177	339	239	0
BRAUN_ T $ 550	0	0	1564	74	188	242	617	923	1043	163
CALLON_ M $ 243	0	0	0	306	77	109	272	343	151	0
COLE_ S $ 206	0	0	0	0	136	315	151	581	108	0
CRONIN_ B $ 472	0	0	0	0	0	1010	1094	1537	671	380
EGGHE_ L $ 622	0	0	0	0	0	0	3384	1487	2050	464
GARFIELD_ E $ 1186	0	0	0	0	0	0	0	7304	1215	379
GLANZEL_ W $ 895	0	0	0	0	0	0	0	0	1501	428
INGWERSEN_ P $ 309	0	0	0	0	0	0	0	0	0	120

为了使图形更为清晰，便于在纷繁的连线中看清高频

[①]　贺颖：《基于可视化 ACA 技术的同行评议专家学术范式辨别研究》，《图书情报工作》2010 年第 2 期。

被引同行评议专家之间的关系，我们可以设定一个阈值，只显示出在一定阈值之上的同行评议专家之间的关联。当我们将阈值设定为 1000 时，所显示的图形即为图 3—5 所示。图形的左边存在一些孤点，说明这些专家与其他专家之间的学术观点的关联小于所设定的阈值 1000，如果我们降低阈值后，即可看到这些孤点与其他点之间的联系。图形的右边是阈值大于 1000 的高频被引同行评议专家之间的学术关联图。

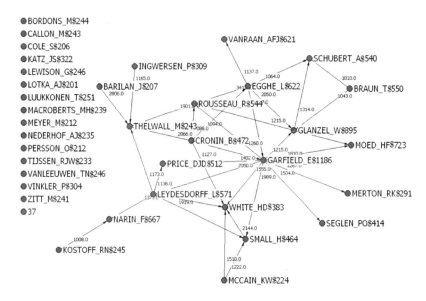

图 3—5 《科学计量学》高频被引同行评议专家的
科学共同体派系网络图

我们在前面的分析中，已经知道科学计量学分为评价科学计量学、结构科学计量学、动态科学计量学三个学科前沿。每个学科前沿都有自己的学术分支，如评价科学计量学分为科研指标和评价、科学技术与创新两个学术分支；结构科学计量学分为引文分析理论、科学知识图谱、科学交流三个学术分支；动态科学计量学分为文献计量学、信息计量学、网络计量学三个学术分支。从关联图上我们可以看到 SCHUBERT A、BRAUN T、GLANZEL W 用有向线段相连，说明他们之间存在学术关联，事实也证实了这三位学者确实是科研指标与评价学术分支的学术代表；ROUSSEAU R、THELWALL M 之间也有关联，他们是网络计量学分支的学术领军人物；GARFIELD E、PRICE DJD、SMALL H 之间存在有向线段，事实上他们是引文分析理论的代表人物；NARIN F、LEYDESDORFF L 是科学技术与创新的代表学者，他们之间也有关联。从图 3—5 我们可以看出，只要知道主要的学术人物及其所持学术范式，通过有线段的连接，我们都可以从点与点的关联以及连接的相对强度来判断不同同行评议专家所处的学术分支和所持的学术范式。

共被引分析关注的重点不是同行评议专家共被引次数的高低，而是共被引所形成的相似性，我们可以采用第二种方法来显示这种相似性，即多维尺度分析。因此统计分析的第一步是将原始矩阵转换为相关矩阵，揭示同行评议专家之间的相似和不相似程度。最常用的是将原始矩阵转化为泊松相关矩阵，直接使用 SPSS 软件中的 "Correlations" 程序即可。此外，进行相关矩阵转换实际上是将原始矩阵标准化，消除了矩阵因同行评议专家被引次数差异所带来的影响。表 3—3 是将表 3—2 中的高频被引同行评议专家互引矩阵的数据输入 SPSS 中得到的 1978—2008 年《科学计量学》高频被引同行评议专家相关矩阵。

表 3—3   1978—2008 年《科学计量学》高频被引
同行评议专家相关矩阵（部分）

	BARILAN_J $ 207	BORDONS_M $ 244	BRAUN_T $ 550	CALLON_M $ 243	COLE_S $ 206
BARILAN_ J $ 207	1	−0.0437	−0.1032	−0.007	0.1211
BORDONS_ M $ 244	−0.0437	1	0.6998	−0.0948	0.3115
BRAUN_ T $ 550	−0.1032	0.6998	1	0.0247	0.1397
CALLON_ M $ 243	−0.007	−0.0948	0.0247	1	0.4321
COLE_ S $ 206	0.1211	0.3115	0.1397	0.4321	1
CRONIN_ B $ 472	0.7266	0.3176	0.1132	0.2527	0.6509
EGGHE_ L $ 622	0.2315	0.4131	0.3498	0.2534	0.2969
GARFIELD_ E $ 1186	0.0721	0.4747	0.3082	0.3665	0.7789
GLANZEL_ W $ 895	0.1407	0.1921	0.2883	0.1064	0.0509
INGWERSEN_ P $ 309	0.8702	−0.0674	−0.0848	−0.0136	0.1229

	CRONIN_B $ 472	EGGHE_L $ 622	GARFIELD_E $ 1186	GLANZEL_W $ 895	INGWERSEN_P $ 309
BARILAN_ J $ 207	0.7266	0.2315	0.0721	0.1407	0.8702
BORDONS_ M $ 244	0.3176	0.4131	0.4747	0.1921	−0.0674
BRAUN_ T $ 550	0.1132	0.3498	0.3082	0.2883	−0.0848
CALLON_ M $ 243	0.2527	0.2534	0.3665	0.1064	−0.0136
COLE_ S $ 206	0.6509	0.2969	0.7789	0.0509	0.1229
CRONIN_ B $ 472	1	0.5781	0.5474	0.2716	0.6822
EGGHE_ L $ 622	0.5781	1	0.3107	0.4617	0.3012
GARFIELD_ E $ 1186	0.5474	0.3107	1	0.1375	0.1017
GLANZEL_ W $ 895	0.2716	0.4617	0.1375	1	0.4396
INGWERSEN_ P $ 309	0.6822	0.3012	0.1017	0.4396	1

图 3—6 是将表 3—3 的高频被引著者相关矩阵数据输入 SPSS 后得到的高频被引同行评议专家的多维尺度图。表 3—4 是《科学计量学》高频被引同行评议专家的多维尺度数据表（stress = 0.206）。

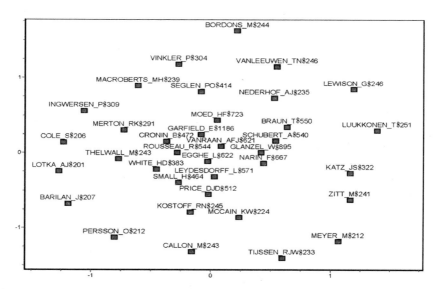

图 3—6　《科学计量学》高频被引同行评议专家的多维尺度图

表 3—4　《科学计量学》高频被引同行评议专家的
多维尺度数据表

编号	著者及总被引频次	维度 1	维度 2
1	BARILAN_J $ 207	1.194	0.673
2	BORDONS_M $ 244	-0.213	-1.773
3	BRAUN_T $ 550	-0.629	-0.349
4	CALLON_M $ 243	0.168	1.226
5	COLE_S $ 206	1.233	-0.148
6	CRONIN_B $ 472	0.296	-0.141
7	EGGHE_L $ 622	0.066	0.059

续表

编号	著者及总被引频次	维度 1	维度 2
8	GARFIELD_ E $ 1186	0.085	−0.157
9	GLANZEL_ W $ 895	−0.200	−0.136
10	INGWERSEN_ P $ 309	1.082	−0.558
11	KATZ_ JS $ 322	−1.157	0.265
12	KOSTOFF_ RN $ 245	0.173	0.782
13	LEWISON_ G $ 246	−1.183	−0.854
14	LEYDESDORFF_ L $ 571	−0.024	0.318
15	LOTKA_ AJ $ 201	1.553	0.419
16	LUUKKONEN_ T $ 251	−1.384	−0.304
17	MACROBERTS_ MH $ 239	0.605	−0.836
18	MCCAIN_ KW $ 224	−0.163	0.794
19	MERTON_ RK $ 291	0.748	−0.274
20	MEYER_ M $ 212	−1.060	1.172
21	MOED_ HF $ 723	−0.052	−0.363
22	NARIN_ F $ 667	−0.377	0.136
23	NEDERHOF_ AJ $ 235	−0.519	−0.778
24	PERSSON_ O $ 212	0.802	1.124
25	PRICE_ DJD $ 512	0.044	0.462
26	ROUSSEAU_ R $ 544	0.249	−0.025
27	SCHUBERT_ A $ 540	−0.480	−0.202
28	SEGLEN_ PO $ 414	0.083	−0.818
29	SMALL_ H $ 464	0.180	0.360
30	THELWALL_ M $ 243	0.604	0.166
31	TIJSSEN_ RJW $ 233	−0.590	1.284
32	VANLEEUWEN_ TN $ 246	−0.550	−1.154
33	VANRAAN_ AFJ $ 621	−0.072	−0.091
34	VINKLER_ P $ 304	0.272	−1.183
35	WHITE_ HD $ 383	0.373	0.285
36	ZITT_ M $ 241	−1.157	0.620

多维尺度分析通过低维空间（通常是二维空间）展示同行评议专家之间的联系，并利用平面距离来反映同行评议专家之间的相似程度。在图 3—6 中，同行评议专家（每个点）的位置显示了同行评议专家之间的相似性，有高度相似性的同行评议专家聚集在一起，形成大的科学共同体。并且，同行评议专家越在中间表明与他有联系的学者越多，在学科里的位置也就越核心；反之，则越孤独，越在外围。因此通过多维尺度分析，某一分支研究领域、思想流派在科学计量这个大学科里的位置以及学术共同体中的成员就容易判断出来。这样通过科学计量学的视角，科研评价管理者就可以选择和识别同行评议专家的学科背景，以及判断"非共识"项目产生的原因。

第六节　给同行评议专家遴选系统的启示

一　准确判定同行评议专家的学术范式

科学计量方法在遴选相同学术范式的同行评议专家时具有重要的借鉴作用。以前同行评议专家推荐表里只有职称、学术领域、研究方向等描述性的、笼统的有关评审专家学术背景和能力的信息，很难让科学评价管理者准确判定所选定的同行评议专家是否适合某项科学评价活动。采用科学计量学方法后，待选定的同行评议专家的学术水平、研究方向、学术派系、学术思想以及所持学术范式都能通过数字量化的形式和图形表示的方法进行比较准确的测定，便于科研管理者掌握学科领域的宏观情况，从而为

相同学术范式的同行评价专家的选择提供了科学合理的
凭据。[①]

二 为同行评议专家遴选系统的智能遴选提供理论可能

同行评议需要科学的评议专家遴选系统。同行评议专
家遴选的标准很多，但在众多标准中，最关键的遴选标准
就是学术水平、研究方向、学术派系和学术范式。从科学
计量学角度出发，使用常规的、标准的、客观的引文数据
库，可以得到某个学科所有论文著者的研究情况及其相互
关联。这样，从科研角度，只要科研内容、研究水平、所
持学术范式与科学评价项目的内容相同或相近的科研人员
在理论上都能成为同行评议专家。

经过上面的实例分析与展示，我们可以总结一下同行
评议专家遴选系统进行评审专家选择的整个过程。首先，
选择某一学科领域内比较重要的、具有代表性的期刊群，
通过对期刊群中的论文后所附的参考文献进行共被引分
析，确定学科领域内高被引著者群。然后，制作高频被引
著者互引矩阵和著者相关矩阵。再者，利用相关矩阵进行
多维尺度分析，借用在多维尺度图中处于中心位置的著者
在学科里所处的核心位置，系统可以分析这些著者各自所
持的学术范式和所处学派分支，它们的学术观点非常明
晰，是各自不同学派的学术代表性人物。最后，通过高频
被引著者互引矩阵制作出点与线交织的学派网络图，观察
其他非核心著者与那些核心著者之间的关联以及关联强

---

① 贺颖：《基于可视化 ACA 技术的同行评议专家学术范式辨别研究》，《图书情报工作》2010 年第 2 期。

度，来判定其他非核心著者的学术派别和所持学术范式。要真正实现无人为干扰的同行评议专家的遴选，即专家系统的自动化和智能化，科学计量学的方法则提供了理论上的支持。[①]

第七节　本章小结

一　利用可视化 ACA 技术发现同行评议专家的学术范式

著者同引（ACA）是文献相互引证的延伸，同时文章著者在一定程度上是其研究主题的代名词，我们可以对某一学科领域内著者文献同被引现象进行研究和探讨，就可以发现其聚类现象，从中我们可以看到学科领域内形成不同的著者群，这些著者群从某种程度上讲就是小的科学共同体，然后对每一个著者群进行研究，观察和发现这些著者研究的主题和内容，可以说这些主题就是此学科领域的基本知识点，探索这些著者研究内容和主题，就可以得到此学术共同体研究的共性内容，其实，这种具有共性的研究内容就是理论纲领和科学范式。所以，我们可以通过著者同引（ACA）的研究，特别是可视化 ACA 的研究和开发，得到一个学科的不同科学范式，这样就可以更好地描述科学结构图，更好地分辨学科领域专家们的学术派别和所持的理论纲领。

如果将可视化 ACA 技术应用于科学评价领域，在可视

① 贺颖：《基于可视化 ACA 技术的同行评议专家学术范式辨别研究》，《图书情报工作》2010 年第 2 期。

化 ACA 中著者的相互链接，有助于科学评价管理者理解被评审人的研究范式及主题，明晰学科的结构图。此外，科学评价管理者可直观地观察被评审人和参评专家的学术关系、所持理论纲领和学术派别，甚至挖掘意想不到的关系。作为聚类的副产品，可视化 ACA 可以使科学评价管理者从一个已知的被评审人出发，查找到与已知被评审人从事同一主题研究的其他相关研究专家，在"知识地图"中探索不熟悉的相关领域。因此，可以将 ACA 应用拓展到科学评价中专家学术背景及派别的确定问题，从而体现了将同被引技术用于主题检索的思想。①

二　科学评价研究需要可视化 ACA 技术

科学论文在科学系统的大环境中并不是孤立的，而是通过引证关系相互联系，构成科学文献间的网状结构。所以，来源文献与参考文献之间必定在科学内容上存在联系和相关性，使得科学论文以学科构成脉络，可以通过文献间的相互引证关系，进行科学文献结构和科学结构的研究。

同引分析已成为研究科学结构的一种有效的重要方法：利用同引聚类分析中形成的网络图可以很方便地研究科学的静态微观结构，以及掌握学科不同理论纲领和学术流派；也可以在可视化 ACA 中加入时间向量，这样就可以比较时间变化所引起的动态变化，导出共同变化趋势，从而进行科学结构的动态研究，观察学科不同理论流派的产生、形成以及发展趋势。

---

① 贺颖：《基于可视化 ACA 技术的同行评议专家学术范式辨别研究》，《图书情报工作》2010 年第 2 期。

另外，科学进展的时序研究是科学史研究的重要内容和途径，而可视化 ACA 是研究这一问题的重要技术手段。这是因为每一篇论文都是科学发展过程中特定事件的记录，所以按照时间序列进行的著者引证关系就描述了这件历史事件的由来与发展，通过著者引文时间分布（历史图）和著者被引网状关系的分析研究，就能够揭示某一学科的产生背景、发展概况、标志性成果、突破性成就，以及今后的发展方向等，所以可视化 ACA 可以成功地定量描绘科学发展某一具体环节的进展轮廓，使之更加形象立体地再现科学历史的发展进程。

科学作为一种系统，其结构具有层次性和动态性。著名科学学家贝尔纳指出：科学研究每前进一步，都要重新建立科学结构的模式。利用可视化 ACA 可以阐明科学发展的某些规律和科学的结构以及科学的派别和研究纲领，从而为科研管理及科技决策提供依据。①

---

① 贺颖：《基于可视化 ACA 技术的同行评议专家学术范式辨别研究》，《图书情报工作》2010 年第 2 期。

第四章

科学评价中"小"同行
专家的选择问题

库恩说:"科学活动的前提是其丰富性至少达到最低限度的科学语言,学会这种语言便同时学到关于自然界的知识。"[①] 意为掌握了科学语言也就是掌握相应的科学知识——实质是只有构建了相当的科学语境背景之后,才能够从事科学认识活动。科学家们在不同种类的科学认识活动中,形成了不同的科学共同体,而不同的科学共同体必然会使用不同的科学语言。因此,从科学语言的视角看,科学共同体实际上就是科学语言共同体。

第一节　传统同行评议专家选择
方法及其存在的问题

按照现在通常所使用的同行评议专家的推选方法,只在专家推荐表所填的学科研究领域中找寻相同或相近的专家,这样遴选出来的评审专家只是大同行,同时也是一种被动的选择过程。同行评议强调的就是专家能够掌握相关

---

① 江天骥:《库恩谈科学革命和不可通约性》,《自然科学哲学问题丛刊》1984 年第 1 期。

专业的语言、方法和动态，熟悉相关专业的资料文献，并且有能力对评审对象的价值做出公正的判断。假若在学术评价中，外行或大同行占的比重过大，就会产生同行评议中南辕北辙的现象，这在近些年的科学评价活动中尤为常见。有人曾对评审专家库的专家做过抽样调查，有约85%的评审专家要么认为自己的专业与所评项目完全不相同，要么对其研究领域不熟悉甚至完全不熟悉。[①] 在调查中，有88.5%的专家认为"同行专家少，非同行专家多"现象经常发生或时有发生。两组数据表明，科技领域的评价活动中，外行或大同行所占比例是颇为可观的，其评价结果的效度很难保证公正。[②]

评审专家应该是其所在专业领域第一流的专家，这样他们才可能对同专业的研究机构、人员和成果的科研实力、学术水平、科学价值、技术难度等作出客观、准确的判断。美国学术界对同行评议专家素质的普遍看法是同行专家应该是正活跃在研究工作中的第一线科学家，而不能是政府雇员；同行专家必须是有丰富研究工作经验的行业翘楚，因为只有具备了这些条件，才有能力对研究项目的科学价值做出客观公正的分析与判断。

第二节　"小"同行评议专家所具有的本质特性

在大的学科中存在持有不同学术"范式"的小的科学

---

① 刘爱玲等：《科技奖励评审过程的研究》，载《国家创新系统与学术评价》，山东教育出版社 2000 年版，第 147—149 页。
② 刘明：《同行评议刍议》，《科学学研究》2003 年第 12 期。

共同体，专业方向的不一致、研究侧重点和视角的不同、概念体系的差异、科学思维方式的不同，导致小科学共同体之间进行科学交流的障碍。然而小科学共同体内的内部交流则非常充分，主要原因有以下两点。

一　具有相同的科学语境背景

从小科学共同体成员很大程度上会引用相同的科学文献这一现象，我们可以发现，小科学共同体成员在自己的头脑中已经形成了彼此大致相同的科学语境背景，并且正是这些相同的科学语境背景，才把小科学共同体成员结合在一起的。[①] 同行评议专家本身就是科学共同体，所以"小"同行评议专家正是具有相同的科学语境背景而聚拢到一起的科学共同体。同时，相同的科学语境为"小"同行评议专家在专业方面观点看法的一致性提供了根本保证。此外，"小"同行评议专家对同一科学文献的"吸收"态度，同样出于他们所具有的语境背景大致相同的原因。当"小"同行评议专家超范围进行科学交流或科学评议时，会产生很大的交流障碍，因为彼此所说的科学语言的内在含义有很大的差别，所以会导致彼此理解上的歧义。

二　具有相同的科学概念体系和思维方式

我们通过观察，可以看到小科学共同体具有高度统一的科学概念体系，这是因为科学语境背景的差别主要是通过概念体系得到反映的。或者说，某个学科一套独特的概念体系或概念群，往往是一个科学共同体的存在标志，也

----

① 李东：《科学语境与科学共同体》，《哈尔滨师专学报》2000年第1期。

是这个科学共同体研究问题的种类和性质的标志。"小"同行评议专家本身就是一个小科学共同体，由于科学共同体是具有相同的科学语境的团体，所以"小"同行评议专家头脑中的科学概念体系也会较为统一。科学概念体系的同一性，反过来促使同行评议专家科学观、方法论、思维模式产生近似性。同时，科学概念和科学语境的相同赋义，也保证了同行评议专家的科学观、方法论、思维模式的同一，防止了科学观、方法论、思维模式的改变导致同行评议专家转向其他科学共同体的可能，最终保证了"小"同行评议专家内部科学共同体的稳定性。

总之，"小"同行评议专家正因为具有大致相同的科学语境背景，才能具有相同的科学概念体系和思维方式，才能具有大致相同的科学语言赋义能力，才能运用科学语言表达科学观点和见解，才能与共同体内其他成员进行有效的科学语言交流，才能对共同体内其他成员的科研成果或科学评价申请进行公正、有效的科学评议和评判。

第三节　同行评议专家的科学语境

一　语言学视角中的科学共同体

科学共同体的含义是什么？"他们是由一些学有专长的实践工作者所组成。他们由所受教育和培训中的某些共同因素结合在一起，局外人和他们自己都认为他们有共同的探索目标，且培养自己的接班人。这种共同体具有某些特点：如内部交流比较充分，专业看法也较为一致。在共同体内的成员基本都'吸收'同样的文献，并且'引出'类似的教训。不同的共同体总是关注不同的问题，所以超出共同体范围进行业务交流总是很困难，并常常引起误会，如果勉强进行，还会造成严重分歧。"①

经过长期科学研究之后，同行评议专家所形成的科学共同体在自己的头脑中建构起彼此大致相同的科学语境背景。之所以能够结合在一起，组成某一科学共同体的同行评议专家，实际上是由于"科学共同体"具有较为一致的科学语境背景。这个科学语境背景为"科学共同体"所学到的科学语言赋义，规定其内在含义。

由这些共同要素相互关联所建构的科学语境背景，从根本上保证了同行评议专家——即科学语言共同体——在专业方面的一致观点与看法。同行评议专家——即科学语言共同体——对同样文献的"吸收"（如赞成什么，反对什么），也因为他们具有相同的科学语境背景而对科学问题的看法也大致相同。同理，由于同行评议专家与其交流对象可能各自具有不同的科学语境背景，超出科学共同体范围以外的科学语言交流起来非常困难。因为语境背景的差异直接导致了各自所说的科学语言的内在含义具有很大差别，以至于同行评议专家形成的不同科学共同体，在相互理解上产生很大歧义甚至完全"听不懂"对方的语言。

所以，从语言学角度来说，所谓"科学共同体"实质上就是具有大致相同的科学语境背景的同行评议专家群体。不同的语境背景规定了不同的科学语言的意义世界，

---

① ［美］托马斯·库恩：《必要的张力》，纪树立译，福建人民出版社1981年版，第292页。

而不同的语境情境则限定了科学语言描述指称实在的"视界"。由科学语境的变化带来的科学语言的突破，改变着我们用来描述和指称实在的科学语言的意义。问题解释模型的核心是语境，语境在很大程度上是由科学认识共同体承诺的研究纲领构成的。

二　语境与科学共同体的特征

按照库恩对科学共同体的定义，可以把一个同行评议专家所形成的科学共同体的特征描述为：有共同的目标、注意相同的问题、阅读同样的文献、专业看法较一致等。这虽然把握住了科学共同体的一些基本特征，但由于只是从外在的方面去分析的，显然很不准确和全面。既然科学语境背景是同行评议专家所形成的科学共同体形成和存在的基础，因此应当从构成语境背景的要素方面去发现并找到科学共同体的基本特征。除去库恩从外在方面概括的特征以外，同行评议专家所形成的科学共同体还具有共同的语言规则、独特的概念体系、坚定的哲学观念和独特的思维方式等内在特征。

同行评议专家所形成的科学共同体是由科学语境背景决定的。科学语境背景的构成要素内在地决定了科学共同体的特征。[①] 从对科学语言赋义的角度说，科学语境背景决定了同行评议专家所形成的科学共同体成员的科学语言表达的是什么意思，决定了科学共同体成员的科学语言所"说"的是什么。只有建立了一定的科学语境背景，才能获得对同行评议专家科学语言赋义的能力，而只有具有这

---

① 李侠、邢润川：《论作为意识形态的科学主义的危机与局限》，《学术界》2003年第2期。

种赋义能力才能具有进入科学共同体的资格。组成科学共同体的同行评议专家，具有大致相同的科学语境背景，即具有大致相同的对其科学语言进行赋义的能力，因而也就具有运用科学语言表达其观点和见解的能力，进而也才能在共同体内与其他成员实现有效的语言交流，才能完全理解科学评价项目的真实内容，才能做出科学合理的评判。[①]所以说，科学语境背景既是同行评议专家所形成的科学共同体对其所运用的科学语言赋义的基础，也是科学语言共同体成员之间彼此进行科学语言交流的基础。

第四节　解决方案：领域本体概念网

本体论是一种概念化的说明，是对客观存在的概念及其关系的一种描述。它关心的是客观现实的抽象本质，已经成为知识管理、软件复用、自然语言处理、协同信息系统、智能信息集成、Internet 上智能信息获取、信息检索以及语义 Web 等各方面研究的热点，并得到了广泛应用。

本体（ontology）最早是一个哲学范畴，意思是研究"存在的理论"，指的是客观存在的一个系统的解释和说明。[②] 1993 年，格鲁伯（Gruber）给出了本体的一个最流行的定义，即"本体是概念模型的明确的规范说明"。不同的领域对本体的定义有所不同。现在信息科学领域中广

---

①　［美］华勒斯坦：《学科·知识·权力》，刘健芝等译，生活·读书·新知三联书店 1999 年版，第 120 页。

②　张瑾、丁颖：《领域本体构建方法研究》，《计算机时代》2007 年第 6 期。

为接受的是文献①中博斯特（Borst）给出的定义："本体是被共享的概念化的一个形式的说明。"施图德（Studer）等对前人的定义进行深入研究后给出另一个定义："本体是共享概念模型的明确形式化规范说明。"② 这个定义包含四个层次：概念化、明确、形式化和共享。"概念化"（conceptualization）指的是通过抽象出客观世界中一些现象的相关概念而得到概述模型；"明确"（explicit）指所使用的概念及使用这些概念的约束都有明确的定义；"形式化"（formal），准确的数学描述，指本体是计算机可读的（即能被计算机处理的）；"共享"（share）指本体中体现的是共同的认可和知识，反映的是相关领域中公认的概念集，即本体针对的是社会范畴而非个体之间的共识。

　　本体的目标是捕获相关领域的知识，提供对该领域知识的共同理解，确定该领域内共同认可的词汇，并在不同层次的形式化模型上给出这些词汇（术语）和词汇之间相互关系的明确定义。可以这样给本体下一个定义：本体是对某一领域 D 的概念化描述，包括两个基本要素，即概念和概念间的关系，可形式化地定义为 OD（C，R）。③ 其中，C 是领域 D 中的概念集合，R 是 D 中概念之间关系的集合。本体论④是一种概念化的说明，是对客观存在的概念及其关系的一种描述。它关心的是客观现实的抽象本质，

① Borst W. N., *Construction of Engineering Ontologies for Knowledge Sharing and Reuse*, Phd Thesis, University of Twente, Enschede, 1997.

② 宋炜、张铭：《语义 Web 简明教程》，高等教育出版社 2004 年版，第 245—246 页。

③ 王英林等：《基于本体的可重构知识管理平台》，《计算机集成制造系统》2003 年第 12 期。

④ Chandraskar N. B., Dsphson J. R., "What are Ontologies, and Why do We Need Them?", *IEEE Intelligent Systems*, Vol. 14, No. 1, 1999, pp. 20-26.

已经成为知识管理、软件复用、自然语言处理、协同信息系统、智能信息集成、Internet 上智能信息获取、信息检索以及语义 Web 等各方面研究的热点,[①②] 并得到了广泛应用。

所谓的领域本体（domain-specific ontology），就是对某一特定学科概念的一种描述，包括学科中的概念、概念的属性、概念间的关系以及属性和关系的约束。[③] 领域概念（或称为类）是对领域知识清晰而规范的描述。它应该是完整的，能够描述领域内的所有知识，是本体的核心。本体是领域知识的形式化说明，通常由概念、概念之间的关系、公理和规则组成。领域本体针对特定的应用领域，抽象领域知识的结构和内容，包括各种领域知识的类型、术语和概念，并对领域知识的结构和内容加以约束，形成描述特定领域中具体知识的基础。

可见，研究、关注领域中的概念间的各种关系，是研究领域本体的基础。利用本体的思想，构建领域知识概念网络，分析领域知识的关联，建立联想推理规则，对于实现领域本体知识的可视化是十分重要的。虽然在知识网络中，知识间的关系纷繁多样，但每个特定的领域本体，其知识网络是具有一定结构的。如在科技领域，学科知识都具有一定的层次结构性和网络结构性。因此，可用概念网

---

① Studer R. et al., "Knowledge Engineering: Survey and Future Directions", *Lecture Notes in Artificial Intelligence*, 1999, p. 45.

② Ucsholdm, Gruningerm, "Ontologies: Principles, Methods, and Applications", *Knowledge Engineering Review*, Vol. 11, No. 2, 1996, pp. 92-136.

③ 唐素勤:《一种面向领域本体的教学策略研究方法》,《计算机工程与应用》2004 年第 2 期。

模型来表示领域本体知识及其关联。概念网即网中节点表示概念；网的关联边表示概念与概念的关联；概念与概念间的关联程度用关联度来表示，关联度越大，概念联系越紧。

第五节　实例：共词分析建立领域本体概念网辨别"小"同行专家

一　共词分析原理

共词分析方法属于内容分析方法的一种，主要是通过对能够表达某一学科领域研究主题或研究方向的专业术语，如关键词等，共同出现在同一学科文献群中的现象的分析，判断学科领域中主题间的关系，从而展现该学科的研究结构。[①] 操作方法主要是对一组词（本书使用关键词）两两统计它们在同一学科文献群内共同出现的次数，形成共词矩阵。[②] 两个关键词共同出现在同一学科文献群中的次数越多，表明二者之间的相关度越高，相似度越大，而"距离"也就越近，进而利用现代的多元统计技术，如因子分析和聚类分析等，按照这种"相关"和"相似"将一个学科内重要文献的关键词加以分类，从而可以直观地显示不同的同行评议专家对本学科研究关注点的差异。[③]

[①] Qin He, "Knowledge Discovery Through Co-Word Analysis", *Library Trends*, No. 1, 1999, pp. 133–159.

[②] 蒋颖：《1995—2004 年文献计量学研究的共词分析》，《情报学报》2006 年第 8 期。

[③] 马费成等：《我国数字信息资源研究的热点领域：共词分析透视》，《情报理论与实践》2007 年第 4 期。

二　实验目的

选定上一章"《科学计量学》高频被引著者的科学共同体派系网络图"中两个小科学共同体 BRAUN T 和 SCHUBERT A 以及 INGWERSEN P 和 THELWALL M，从图 3—6 中可以看到每个小科学共同体内都有线段相连接，说明其内在所具有的关联，以这两个科学共同体中的四位著名学者作为观测对象，从《科学引文索引》数据库中找寻他们在《科学计量学》上发表论文的主题词情况，从而比较不同科学共同体之间所使用科学语言的差异度，说明选择"小"同行评议专家的方法。[①]

三　数据来源的选定

以世界最权威的科学计量学期刊《科学计量学》为计量数据依据，从美国科学情报研究所（ISI）的《科学引文索引》数据库中搜寻《科学计量学》的关键词附加信息，构建科学计量学主要研究内容的主题概念网络。

四　过程说明

在 Web of Science 数据库中，选择 Cited Reference Search，在被引期刊名称中填入 Scientometrics 进行检索，从《科学计量学》创刊至 2008 年一共有 1781 篇论文被其论文引用，由《科学计量学》被引论文可追溯到来自其他期刊的 3843 篇引用论文。下载引用论文的重要数据单元——附加关键词，用附加关键词表示科学计量学同行评

---

① 贺颖：《同行评议专家遴选的科学计量方法与实证研究》，《图书情报工作》2012 年第 6 期。

议专家主要研究的主题，并使用 Bibexcel 进行分析。通过 3843 篇论文所附带的附加关键词信息，得到同行评议专家使用附加关键词次数总排名，设定附加关键词使用次数 100 次作为高频附加关键词的标准值，通过 Bibexcel 得到同行评议专家高频附加关键词之间的引用频次，然后将此数据导入 UCINET6.0，得到高频附加关键词的引用矩阵，并使用 UCINET6.0 所附带的 Netdrew 绘制出高频附加关键词之间关系的三维空间立体网状图，即得到科学计量学同行评议专家主要研究内容的主题概念网络图。

为了分析不同科学共同体之间科学语境的差异，从《科学引文索引》数据库中下载 BRAUN T、SCHUBERT A、INGWERSEN P 和 THELWALL M 四位学者在《科学计量学》上发表论文所使用的附加关键词，并分别统计两个科学共同体所使用的附加关键词的频次，设定附加关键词的频次大于 1 作为统计标准，通过 Bibexcel 得到附加关键词之间的引用频次，然后将此数据导入 UCINET6.0，得到附加关键词的引用矩阵，并使用 UCINET6.0 所附带的 Netdrew 绘制出每个小科学共同体所使用的科学语境。

五 结果分析

表 4—1 是将 3843 篇引用论文的数据导入 Bibexcel 后，得出的使用频次超过 100 的同行评议专家使用高频附加关键词的排序情况。附加关键词一般都会揭示论文所研究的主题内容，因此所使用的附加关键词频次越高，代表某方面的学科领域主题内容越被关注，并逐渐成为这个学科所研究的焦点或热点问题。从表 4—1 的数据可以看出，科学

计量学热点研究的主题内容包括 SCIENCE、INDICATOR、CITATION、 COLLABORATION、 PERFORMANCE、 BIBLIOMETRICS、COCITATION、SCIENTIST 等。

表 4—1　　科学计量学同行评议专家使用高频附加
关键词的排序表 （频次>100）

排序	频次	Keyword-plus 所用语词	排序	频次	Keyword-plus 所用语词
1	998	SCIENCE （科学）	12	193	COMMUNICATION （交流）
2	563	INDICATOR （指标）	13	182	INFORMATION （信息）
3	488	CITATION （引文）	14	182	TECHNOLOGY （技术）
4	377	JOURNAL （期刊）	15	169	BIBLIOMETRICS （文献计量学）
5	369	IMPACT （影响）	16	169	MODEL （模式）
6	364	NETWORK （网络）	17	166	COUNTRIES （国家）
7	327	COLLABORATION （合作）	18	135	COCITATION （引文）
8	249	PERFORMANCE （绩效）	19	124	QUALITY （质量）
9	239	PUBLICATION （出版物）	20	111	INNOVATION （创新）
10	211	IMPACT FACTOR （影响因子）	21	109	KNOWLEDGE （知识）
11	205	PATTERNS （模式）	22	106	SCIENTIST （科学家）

由于表 4—1 中这些关键词是科学计量学研究论文中出现频次最高的词，它们在很大程度上代表了当前科学计量学者研究的热点。但是由于某一研究热点会涉及许多相关知识点和其他热点，同时不同的学者对于附加关键词的把握也会存在不一致，因此还需要进一步反映这些附加关键

词之间的关系。所以对选出来的高频附加关键词按照共词分析的思想进行了进一步的处理：两两统计它们在同一篇文献中出现的次数，形成一个 22×22 的共词矩阵。表 4—2 是将表 4—1 中高频附加关键词数据输入 UCINET6.0 后得到的高频附加关键词共词矩阵。

表 4—2　　科学计量学同行评议专家使用高频附加
关键词共词矩阵（部分）

	BIBLIOMETRICS $ 169	CITATION $ 488	COCITATION $ 135	COLLABORATION $ 327	COMMUNICATION $ 193	COUNTRIES $ 166	IMPACT $ 369
BIBLIOMETRICS $ 169	0	10	5	4	2	3	24
CITATION $ 488	24	0	10	9	37	24	52
COCITATION $ 135	9	8	2	4	4	2	12
COLLABORATION $ 327	5	17	2	3	11	59	34
COMMUNICATION $ 193	36	0	9	24	9	3	25
COUNTRIES $ 166	4	14	2	5	0	0	17
IMPACT $ 369	0	13	0	0	2	6	0
IMPACT_ FACTOR $ 211	25	63	4	11	37	11	0
INDICATOR $ 563	8	35	0	13	4	26	54
INFORMATION $ 182	10	7	2	4	16	4	28
INNOVATION $ 111	0	10	2	0	2	0	5
JOURNAL $ 377	11	23	0	11	2	12	51
KNOWLEDGE $ 109	5	7	2	0	0	0	8

图 4—1 是将表 4—2 中的科学计量学高频附加关键词共词矩阵输入 UCINET6.0 后，由 UCINET6.0 自带的 Net-Drew 绘制出来的科学计量学同行评议专家热点研究主题三维网络图。从图中我们可以看到每个点代表一个研究主题，有向线段代表主题之间的关联，线段边上的数字代表主题相互的关联程度。不同研究主题之间差异度也均有所不同，研究主题与研究主题之间的连线密度都很大，这是由科学语言的丰富性、科学研究方法的等同性、科学研究视角的共同性等多方面原因造成的，每个研究主题或多或少都与其他主题相关。

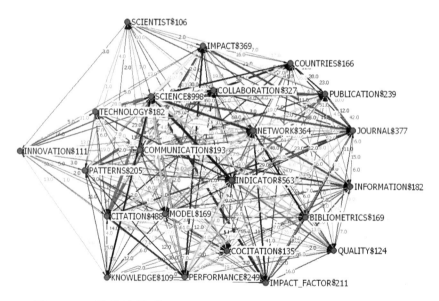

图 4—1　科学计量学同行评议专家热点研究主题三维网络图

在共词分析中，以 SPSS 软件作为统计分析的工具做因子分析和多维尺度分析。因子分析中需要先根据相关性将共词矩阵转化为斯皮尔曼相关矩阵（Spearman），由此消除由共词频次差异带来的影响。在相关矩阵的基础上，利用主成分法（Principal Components）、协方差矩阵（Covariance Matrix）与平均正交旋转方法（Equamax）进行因子分析。得到旋转后的科学计量学热点研究主题的因子载荷矩阵，见表4—3。

表4—3　　　旋转后的科学计量学同行评议专家
热点研究主题的因子载荷矩阵

序号	研究热点主题	因子1	因子2	因子3	因子4	因子5
1	BIBLIOMETRICS $ 169	0.102	−0.946	0.038	−0.099	0.147
2	CITATION $ 488	0.277	−0.543	−0.144	−0.295	0.387
3	COCITATION $ 135	0.700	−0.616	0.114	−0.086	−0.198
4	COLLABORATION $ 327	0.678	−0.468	0.072	−0.403	−0.210
5	COMMUNICATION $ 193	0.303	−0.868	0.113	−0.042	0.169
6	COUNTRIES $ 166	0.280	0.033	0.824	−0.304	0.250
7	IMPACT $ 369	0.755	−0.290	0.207	−0.350	0.200
8	IMPACT_ FACTOR $ 211	0.047	−0.560	−0.076	0.123	0.714
9	INDICATOR $ 563	0.726	0.051	0.147	−0.070	0.432
10	INFORMATION $ 182	0.111	−0.882	−0.003	−0.254	0.171
11	INNOVATION $ 111	0.680	−0.061	0.493	0.012	−0.115
12	JOURNAL $ 377	0.552	−0.200	0.264	−0.484	0.354
13	KNOWLEDGE $ 109	0.707	−0.111	0.462	−0.295	−0.082
14	MODEL $ 169	0.680	−0.517	0.337	−0.127	0.090
15	NETWORK $ 364	0.185	−0.918	0.258	−0.117	0.078
16	PATTERNS $ 205	0.401	−0.276	0.828	−0.129	0.035
17	PERFORMANCE $ 249	0.205	0.004	0.234	−0.810	0.039

续表

序号	研究热点主题	因子 1	因子 2	因子 3	因子 4	因子 5
18	PUBLICATION $ 239	0.614	-0.115	0.141	-0.620	0.326
19	QUALITY $ 124	0.632	-0.296	0.019	-0.575	0.277
20	SCIENCE $ 998	-0.128	-0.257	0.311	-0.291	0.801
21	SCIENTIST $ 106	0.153	-0.295	0.086	-0.797	0.009
22	TECHNOLOGY $ 182	0.855	-0.301	0.150	-0.287	-0.202

　　表 4—4 是将科学计量学热点研究主题的共词矩阵转化为相关矩阵后，输入 SPSS 后得到的科学计量学热点研究主题的多维尺度数据表。图 4—2 是根据多维尺度数据表绘制出的多维尺度图（stress = 0.355）。多维尺度图（MDS）表明越靠近图形中心的点越重要，越居于核心地位。从图上我们可以看出 SCIENCE、CITATION、IMPACT FACTOR、INDICATOR、COLLABORATION、PERFORMANCE 位于 MDS 图中心，说明科学、引文分析、影响因子、科研指标、科学合作、科研绩效评估是科学计量学的核心研究主题。

表 4—4　　　　科学计量学同行评议专家热点研究
主题的多维尺度数据表

序号	热点研究主题	维度 1	维度 2
1	BIBLIOMETRICS $ 169	2.855	-1.490
2	CITATION $ 488	3.560	-0.535
3	COCITATION $ 135	4.987	-0.351
4	COLLABORATION $ 327	4.263	-0.132

续表

序号	热点研究主题	维度 1	维度 2
5	COMMUNICATION $ 193	2.644	−0.950
6	COUNTRIES $ 166	3.800	0.740
7	IMPACT $ 369	2.670	0.222
8	IMPACT_ FACTOR $ 211	3.556	−1.020
9	INDICATOR $ 563	3.280	−0.081
10	INFORMATION $ 182	2.488	−0.445
11	INNOVATION $ 111	4.902	0.166
12	JOURNAL $ 377	3.215	0.398
13	KNOWLEDGE $ 109	3.860	−1.823
14	MODEL $ 169	4.327	−1.836
15	NETWORK $ 364	3.082	−0.948
16	PATTERNS $ 205	5.109	−0.877
17	PERFORMANCE $ 249	3.659	0.099
18	PUBLICATION $ 239	4.317	0.505
19	QUALITY $ 124	4.786	−1.516
20	SCIENCE $ 998	4.020	−0.621
21	SCIENTIST $ 106	3.342	−1.920
22	TECHNOLOGY $ 182	4.652	−1.009

为了探讨小科学共同体所使用的科学语境的差异度，我们可以从图 3—6 中，选取两个小科学共同体，BRAUN T、SCHUBERT A 与 INGWERSEN P、THELWALL M，如图 4—3 所示。表 4—5 显示出两个科学共同体所使用的常用附加关键词。附加关键词是描述科学研究论文的主题词，具有揭示同行评议专家研究方向和研究内容的功能，所以从表里我们可以推断出两个同行评议专家所形成的小科学共同体虽

然都处于一个大学科内，但是所研究的主题内容相差很多。

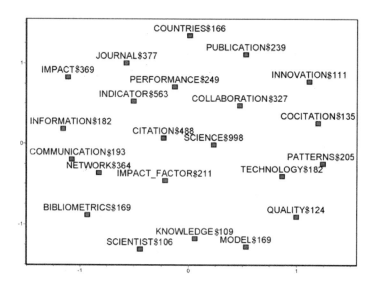

图 4—2　科学计量学同行评议专家热点研究主题的多维尺度图

（stress = 0. 355）

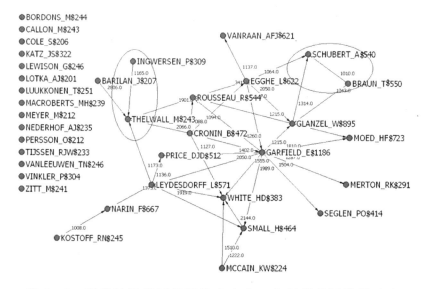

图 4—3　科学计量学同行评议专家中两个科学共同体的选定

表 4—5　　　　两个科学共同体所用科学语境的
差异度（频次>1）

BRAUN T 和 SCHUBERT A			INGWERSEN P 和 THELWALL M		
排序	频次	Keyword-plus 所用语词	排序	频次	Keyword-plus 所用语词
1	8	SCIENCE（科学）	1	7	IMPACT FACTOR（影响因子）
2	6	COUNTRIES（国家）	2	4	SITE INTERLINKING（网站内部连接）
3	3	INDICATOR（指标）	3	4	SCIENCE（科学）
4	2	DATAFILES（数据文件）	4	4	INFORMATION（信息）
5	2	RANKING（排名）	5	4	WEBOMETRICS（网络计量学）
6	2	SCIENTIST（科学家）	6	4	BIBLIOMETRICS（文献计量学）
7	2	COLLABORATION（合作）	7	3	COMMUNICATION（交流）
			8	3	LINKS（链接）
			9	2	CO-AUTHORSHIP（同著者）
			10	2	NETWORK（网络）

　　表 4—6 是根据 BRAUN T 和 SCHUBERT A 所用附加关键词频次数据输入 Bibexcel，然后经过 UCINET6.0 分析后得到他们这个科学共同体的研究主题共词矩阵。根据相关性将共词矩阵转化为斯皮尔曼相关矩阵（Spearman），由此消除由共词频次差异带来的影响。在相关矩阵的基础上计算出多维尺度数据，见表 4—7，BRAUN T 和 SCHUBERT A 主要研究主题的多维尺度数据表，然后根据数据表的结果绘制 BRAUN T 和 SCHUBERT A 研究主题的多维

尺度图（stress = 0.000），如图 4—4 所示。从图 4—4 可以看到 INDICATOR、COUNTRIES、SCIENCE、COLLABORATION 处于多维尺度图零点中心位置，说明 BRAUN T 和 SCHUBERT A 研究的核心科学计量学主题是科学指标以及不同国家之间的科学合作问题，而这张多维尺度图也从侧面印证了 BRAUN T 和 SCHUBERT A 主要从事评价科学计量学中的科研指标与评价工作这一事实。

表 4—6 　　　　BRAUN T 和 SCHUBERT A 主要
研究主题的共词矩阵

	COLLABORATION $	COUNTRIES $	DATAFILES $	INDICATOR $	RANKING $	SCIENCE $	SCIENTIST $
COLLABORATION $	3	59	0	43	0	68	2
COUNTRIES $	5	0	0	3	0	45	7
DATAFILES $	0	0	0	0	0	0	0
INDICATOR $	13	26	8	0	4	79	10
RANKING $	0	0	0	0	0	4	2
SCIENCE $	47	30	2	75	4	0	13
SCIENTIST $	0	0	0	0	34	10	0

表 4—7　BRAUN T 和 SCHUBERT A 主要研究主题的
多维尺度数据表（stress = 0.000）

序号	研究主题	维度 1	维度 2
1	COLLABORATION $	−0.112	−0.797

续表

序号	研究主题	维度 1	维度 2
2	COUNTRIES $	0.421	−0.806
3	DATAFILES $	−1.591	0.353
4	INDICATOR $	−0.142	−0.240
5	RANKING $	0.877	1.060
6	SCIENCE $	0.149	−0.346
7	SCIENTIST $	0.397	0.776

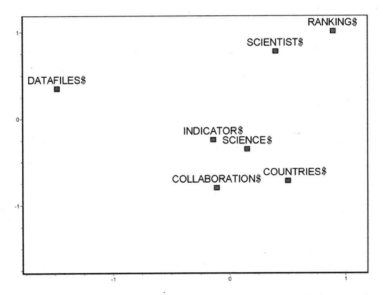

图 4—4　BRAUN T 和 SCHUBERT A 主要研究主题的多维尺度图 $
（stress＝ 0.000）

图 4—5 是根据表 4—6 BRAUN T 和 SCHUBERT A 主要研究主题的共词矩阵数据输入 UCINET6.0 后，由 UCINET6.0 自带的 NetDrew 绘制出来的 BRAUN T 和 SCHUBERT A 主要研究主题的三维网络图。

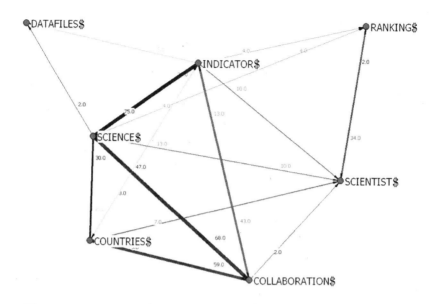

图 4—5   BRAUN T 和 SCHUBERT A 主要研究主题的三维网络图

　　跟上面的实验过程一样，表 4—8 是根据 INGWERSEN P 和 THELWALL M 所用附加关键词频次数据输入 Bibexcel，然后经过 UCINET6.0 分析后得到这个科学共同体的主要研究主题共词矩阵。根据相关性将共词矩阵转化为斯皮尔曼相关矩阵（Spearman），由此消除由共词频次差异带来的影响。在相关矩阵的基础上计算多维尺度数据，见表 4—9 INGWERSEN P 和 THELWALL M 主要研究主题的多维尺度数据表，然后根据数据表的结果绘制 INGWERSEN P 和 THELWALL M 主要研究主题的多维尺度图（stress = 0.129），如图 4—6 所示。从多维尺度图 4—6 上可以看到 INFOR-MATION、COMMUNICATION、NETWORK、WEBOMET-RICS、IMPACT_ FACTOR、SCIENCE 处于多维尺度图零点中心位置，说明 INGWERSEN P 和 THELWALL M 核心研究主题是有关科学信息交流、网络计量分析和影响因子的研究。这也印证了 INGWERSEN P 和 THELWALL M 是动态科学计量学中的网络计量学派这一事实。

表4—8 INGWERSEN P 和 THELWALL M 主要
研究主题的共词矩阵

	BIBLIOMETRICS $	CO-AUTHORSHIP $	COMMUNICATION $	IMPACT_FACTOR $	INFORMATION $	LINKS $	NETWORK $	SCIENCE $	SITE_INTERLINKING $	WEBOMETRICS $
BIBLIOMETRICS $	0	3	2	4	28	4	11	27	0	11
CO-AUTHORSHIP $	0	0	10	7	6	3	14	42	0	3
COMMUNICATION $	36	3	9	2	41	5	47	36	9	17
IMPACT_ FACTOR $	25	0	37	0	33	24	41	65	12	17
INFORMATION $	10	0	16	0	0	5	29	35	0	8
LINKS $	13	0	15	0	20	0	8	14	0	10
NETWORK $	48	3	58	29	61	45	71	68	16	25
SCIENCE $	27	0	49	0	35	12	59	0	0	6
SITE_ INTERLINKING $	8	3	8	6	10	15	10	13	0	10
WEBOMETRICS $	3	0	0	0	5	0	5	9	0	0

表4—9 INGWERSEN P 和 THELWALL M 主要研究
主题的多维尺度数据表

序号	主要研究主题	维度 1	维度 2
1	BIBLIOMETRICS $	−0.234	0.889
2	CO-AUTHORSHIP $	−1.774	−0.367

续表

序号	主要研究主题	维度1	维度2
3	COMMUNICATION $	-0.330	0.114
4	IMPACT_ FACTOR $	0.159	-0.388
5	INFORMATION $	0.089	0.351
6	LINKS $	1.068	-0.213
7	NETWORK $	-0.030	0.053
8	SCIENCE $	-0.429	-0.047
9	SITE_ INTERLINKING $	0.368	-1.341
10	WEBOMETRICS $	0.212	0.348

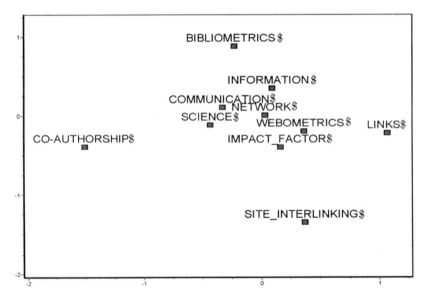

图 4—6　INGWERSEN P 和 THELWALL M 主要研究
主题的多维尺度图（stress = 0.129）

图 4—7 是根据表 4—8 INGWERSEN P 和 THELWALL

M 主要研究主题的共词矩阵数据输入 UCINET6.0 后，由 UCINET6.0 自带的 NetDrew 绘制出来的 INGWERSEN P 和 THELWALL M 主要研究主题的三维网络图。

BRAUN T 和 SCHUBERT A 与 INGWERSEN P 和 THEL-WALL M 两个科学共同体在附加关键词的使用上，无论在三维网络图还是在多维尺度图中都有很大的区别，说明他们在研究主题上存在着显著性的差异。以上实例结果分析表明，处于同一学科领域的科学共同体，其内部各个小科学共同体所研究的重点、主题也有着很大的差异性，因此，我们在进行同行评议专家的遴选方面应该注意选择研究主题相近的"小"同行评议评审专家。

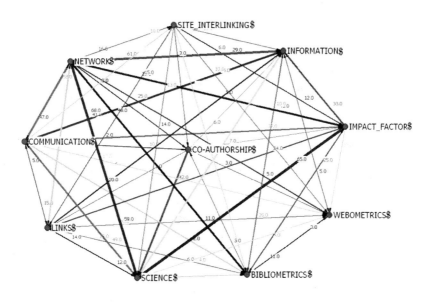

图 4—7　INGWERSEN P 和 THELWALL M 主要
研究主题的三维网络图

第六节　给同行评议专家遴选系统的启示

　　高质量的同行评议应该是由真正的同行对其他同行进行的科学评价活动，同行之间应该相互非常熟悉所研究的学科领域，并且使用相同的科学语言，具有大致相同的科学语境，对本学科领域内科学概念、定理有相同的理解，对科学研究的对象使用大致相同的思维去思考。只有这样，才能真正判断出科学评价项目的价值，才能得到高质量的同行评议结果。科学计量方法在遴选"小"的同行评议专家时具有重要的借鉴作用。[①]

一　准确判定同行评议专家擅长的研究领域和主题

　　从上面的实验分析过程中我们可以看出，采用共词分析等科学计量的方法，通过确定某一学科中同行评议专家在核心期刊上发表论文所使用的关键词、附加关键词、主题词等反映科学论文实质内容的词汇使用频次情况，掌握同行评议专家所研究的真实科研内容及其研究的发展动态。这样从真实的、客观的科学研究论文内容的视角出发，挖掘同行评议专家真正熟悉的学科研究领域，从而帮助科学评价管理者准确判定同行评议专家所擅长的研究领域和主题，选择出真正的"小"同行作为科学评价活动的评审者。

---

　　① 贺颖：《同行评议专家遴选的科学计量方法与实证研究》，《图书情报工作》2012 年第 6 期。

二　为同行评议专家推荐表的科研信息提供准确佐证资料

传统的同行评议专家推荐表中所填的擅长研究领域并没有可信的佐证材料的支撑。传统的同行评议专家的选择方法，都是通过科研院所、高校等基层科研单位推荐本单位具有一定职称和学术水平的专家、学者。让这些专家、学者填写同行评议遴选推荐表中研究领域、研究方向等信息，以及几个与自己熟悉的专业研究方向相关的关键词，另外还须填写近几年发表的论文、著作情况。填写的所有内容都是由专家、学者本人自己填写，所填研究领域、研究内容、研究方向的真实程度、客观性、熟悉程度，科学评价管理者无从知晓。采用共词分析等科学计量学方法，能够帮助科学评价管理者了解同行评议专家的真实科研情况以及科研水平，选择真正的同行专家去评议他们所熟知的科学领域内的科学研究项目，并为传统的同行评议专家推荐表中的科研信息提供准确的佐证资料。

三　为同行评议专家遴选系统的智能筛选提供科学合理的凭据

同行评议专家系统智能筛选是专家遴选系统自动化的一个关键，也是实现评审专家公开、公正、公平的遴选模式，尽量减少人为干预遴选的一种较为科学的手段。将同行评议专家系统与国内外一些大型的科学引文数据库相连接，根据科学引文数据库中某学科核心期刊引文中的主题词或内容词的使用情况，将高频被引的主题词做共词分析，得到共词矩阵，根据共词矩阵的数据做出某学科主题词之间的三维关联网络图，即为此学科的研究主题网络图。图中主题词与主题词之间的长度与夹角就是主题词之间的语义的相似度。可以根据被评审项目所提供的主题词，在三维网络图中自动找到相应主题或词语，及其与评审项目主题语义最近似的其他主题或词语。系统按照确定的所有相应主题或词语自动寻找其论文著者群，再将找寻到的论文著者群与同行评议专家信息系统相连，确定符合相应职称、学术水平的评审专家。总之，采用领域本体、共词分析等科学计量学方法为实现同行评议专家遴选系统智能选择提供了科学合理的依据。

第七节　本章小结

一　科学语境是科学共同体的基础

属于某一科学语言共同体的同行评议专家们，由于具有大致相同的科学语境背景，因而，在他们研究某一问题时，在他们观察某一研究对象时，在他们用科学语言描述某一现象或事件时，在他们进行科学评价时，绝不会是不受限制，随意地进行的。他们的科学语境已经先在地限定了他们会问什么问题、能问什么问题、能观察什么、能看到什么、能说什么、能描述什么、怎样描述等。语境情境决定了科学共同体可能的世界和"视界"，语境背景则决定了科学共同体的现实的世界和"视界"。

科学语境限定了科学共同体的"视界"，限定了科学语言共同体的语言世界的边界。科学语境是科学共同体的立足点。这个立足点的位置，决定了伸展在它面前的地平线的边界。它的"眼界"只能达到这个地平线范围以内的地方。它若想超越这个地平线，看到或观察更远的地方，就只有变换立足点，站到更高的地方，也就是说，必须建构新的科学语境。

二　科学语境是选择真正同行的判断依据

高质量的同行评议依赖于同行评审专家的正确选择，只有"小"同行才是真正的同行，才有资格进行相应的科学评价活动。而"小"同行的选择必须建立在具有相同的科学语境的基础上，因此，可以科学语言、主题概念等词汇的使用作为判断是否真正同行的标准。同时，还可以根据科学论文所使用的科学主题、概念、语词等反映相关学科领域研究内容的词语，构建某一个学科的主要研究领域主题三维网络图，为观察和分析学科结构的发展变化趋势提供科学合理的凭据。[①]

---

① 贺颖：《同行评议专家遴选的科学计量方法与实证研究》，《图书情报工作》2012 年第 6 期。

第五章

交叉学科同行评议专家的
选择问题

　　创新是科学评价工作的灵魂，也是遴选科研项目的核心问题。发现和支持创新与原始创新是项艰巨的任务，原创思想的科学项目怎样能够得到同行评议专家的认可，如何进行有效的遴选和评估创新项目，交叉学科同行评议专家的选择将是一个极为重要且不可回避的问题。

第一节　当前交叉学科同行评议的难点

　　科学评价活动的本质就是要评价出具有创新性的科学项目并给予资金等方面的支持，所以创新对科学评价来说是非常重要的基本核心要素。所谓创新，分为两大类，一是初级创新，也称原始创新，即研究领域内基本概念的建立或突破（新的学术观点），新方法的建立（即新的研究方法）或新领域内的研究拓展等（包括交叉科学中新的生长点等）；二是次级创新或跟踪性创新，也称改良性创新。所以说，创新并非一定无人问津，或许是老问题从新角度产生的新概念，包括思想创新、研究思路创新、材料创新、方法创新、技术创新、制度创新、科研人才创新、科研工具创新，等等。从创新分类角度看，同行评议对第二种改良创新更有效，因为同行评议专家可以与被评审者以同一视角看待和研究老问题，并可理解被评审者的新观点与方法，这样便于同行评议专家做出正确的科学评估。

　　而属于第一类的原始创新对同行评议提出了挑战。这个挑战首先就来自对同行评议专家的选择上。常规学科的研究内容是严格收敛在某一科学范式所规定的狭小范围内的，这样做的好处是能够对某一科学问题进行仔细而深入的研究。[①] 但同时因为交叉学科的研究内容往往不在范式规定的研究框架内，从事常规科学研究的同行评议专家会对交叉学科的研究成果或科学评价项目的创新内容视而不见，并且又因为这些交叉学科的科学评价项目成果对同行评议专家所持的范式构成了威胁，评审专家会将其视为异端，这种状况常常使交叉学科科学评价问题成为同行评议方法的盲区和难点。

第二节　交叉学科的特有属性

一　交叉学科研究是产生新领域新观念的主要途径

　　人们认识和掌握了交叉学科研究对研究领域和学科的开拓和增值作用规律之后，就能够对各门学科的发展做出比较科学的预见。当某一门学科刚崭露头角时，就可以预见到随之产生的将是一系列什么样的研究领域和新学科，

---

　　① 张荣：《新环境下同行评议的机制研究》，硕士学位论文，武汉大学，2005 年，第 68 页。

这样科学研究人员就可以根据自己的现实情况，有目的、有组织地投入新的研究领域。不同学科之间的差异，实质就是知识体系之间的差异。不同学科的知识体系的产生与发展，必然有其内在的特质和基础，即有某一知识体系独特的基本理论和基本思想。学科交叉的实质是知识体系的渗透和融合。学科交叉客观上促进了新学科的形成，开辟了新的研究方向。

二 交叉学科研究是产生新观念的主要途径

交叉学科研究过程中，不断产生新概念，揭示新规律，形成新理论和新的科学方法，这样，就会对人们的科学观念产生重大的影响。科学从"小科学"走向"大科学"的过程中，交叉学科的因素起到了重大的作用。[①] 交叉学科的研究不但导致了科学知识呈逻辑曲线的增长，更主要的贡献是导致有史以来科学观念的重大变革，即大科学观的确立。[②] 大科学主要是指现代科学在高度分化的发展的同时，日益走向高度综合交叉的整体化道路。大科学的最大特点就是不仅以巨大的力量影响着自然，改变着社会，决定着技术，而且有力地冲击着人们的思想观念。大科学观是大科学在人们头脑中的理论化、观念化和系统化。大科学观把科学视为完整和统一体系的社会现象，世界各个领域都烙上了科学的印记，都蕴含着科学的意念，都体现着科学的发展。

---

① 赵红州：《大科学》，人民出版社1988年版，第58页。

② E., Shearer, J., Moravcsik, "Citation Paterns in Little Science and Big Science", *Scientometrics*, Vol. 1, No. 5, 1979, pp. 461–474.

三　交叉学科研究是产生原始创新的主要途径

学科之间相互渗透与交叉是当代科学发展的一个重要趋势，交叉学科研究的形成与发展对经济与社会的发展起到极大的推动性作用。自然和社会本身固有的复杂性、不限于单一学科的问题进行探索的愿望、解决社会问题的需要、新技术的力量，这四个强大的"驱动力"使得交叉学科思维正在迅速成为科学研究的一个根本特征。从科学发展史来看，交叉学科可以产生新学科的生长点，是取得原创性科学成果的重要途径，也是解决重大科学技术、社会问题的必然选择。[①]

现代科学的发展越来越明显地呈现出高度综合、相互交融的趋势。许多重大科技创新都是多个学科交融的跨学科成果，学科交融的本质就是产生创新点。在科学合作研究中，学科交叉是原始创新的内部动力，一方面，随着知识的累积与专业的分化，科学家个人的专业化知识非常有限；另一方面，现代科学的发展表现出高度融合的趋势，特别在科学原始创新领域更加需要科学团体的合作研究，需要利用多学科的专业特长实现整体效应。[②]

第三节　交叉学科产生——科学共同体的互动

波拉尼（Polanyi）把科学描述为延伸至整个科学领

[①] 程莹：《研究型大学开展学科交叉研究的问题、模式与建议》，《科学学与科学技术管理》2003 年第 11 期。

[②] 赵晓春：《跨学科研究与科研创新能力建设》，博士学位论文，中国科学技术大学，2007 年，第 118—121 页。

域的、部分重叠的相邻学科之链条所组成的，此时他似乎想象的是一种蜂窝状的结构。每一位科学家都理解自己领域的范式，并理解相邻领域的范式，足以能够评价在那些领域中的研究问题，但是他所理解的范围也仅限于此。[①]

也许是由于库恩强调科学革命是一种变革的方式，他才得出科学共同体具有封闭性的观点，这意味着科学转变发生在一个群体的内部而不是自外部"接收过来"的。如果人们认为研究领域正在枯竭并为新论题所取代，那么强调重点就转向变革的外部原因。在一个交叉融合的过程中，思想从处于快速成长时期的领域产生，而在另一个领域得到应用。学者霍尔顿把科学比作一棵树，其主干不断分叉产生新的知识领域和亚领域。他认为新领域部分是由于在旧领域之间接合部的发现而产生的。一个范式一直是在某个领域中发展的，现在应用到另一个不同的领域之中。另一种类型的增长在思想来自各种不同领域的时候产生。按照霍尔顿的说法："一个充满生气的研究论题的思想源泉并不局限在狭窄的一系列专业上，而可能是来自最不相同的各个方向。"把来自几个不同领域的思想并列起来，可能会产生一个新范式，它被应用到一个新确定的研究论题之中。

马奇（March）利用引证来调查组织理论的思想来源，他发现了这样一种创新模式。他使用了组织理论的当代文献中一组有代表性的 12 本书，发现这些书频繁地引用 33 本更早的著作，这些著作中的大多数在 20 年以前就已问

---

① 李东：《科学语境与科学共同体》，《哈尔滨师专学报》2000 年第 1 期。

世了。这些"经典"著作的引证并没有多少重合之处；显然，刺激这个领域成长的那些书起源于各种不同的领域。

为什么研究领域之间的交叉融合是可能的，它又是怎样发生的呢？霍尔顿提出，正在迅速扩散的领域之中发生思想交流是可能的，因为这些领域共用某些概念。

"使得某些概念成为重要概念的因素，是它在大量成功的描述与定律中的反复出现，并且常常是在和它最初形成的背景环境相去甚远的领域中反复出现。一个思想必须要经受广泛应用的考验。当一个概念首次被提出来时，断定它将如何如何，是困难的。"①

这意味着在科学界有一种共同的语言。它与一个范式之抽象的或定向的方面类似。这些概念可以是操作化的、定量化的，而且可以应用于不同领域的探索。马林斯发现了存在这种概念之共同语言的某些证据。可以进行科学信息交流的那些科学家，很可能对于研究资料共持一种相似的"取向"。例如，研究可能强调性质、结构或过程、物质或技术的化学或物理方面。看来，当缺乏这种共同语言的时候，很可能就没有那种发生借用概念的充分的相互理解。

如果科学家能够在其他领域中找到某些思想的位置，就一定存在有利于这些思想从一个领域向另一个领域转移的条件。其中的几个条件已经得到了确认，并将在这里予以讨论：（1）信息寻觅——科学家在为其研究而寻觅信息之中所采取的战略；（2）参考引证的分布——各种不同专业杂志中不同论题之文章的分布；（3）专业交叉者——

---

① 李东：《科学语境与科学共同体》，《哈尔滨师专学报》2000 年第 1 期。

研究一个以上论题并因此与不同领域的科学家建立联系的那些科学家；（4）跨学科研究领域——来自几个学科的科学家所研究的那些论题；（5）角色交叉者——那些处于既接触基础研究问题也接触应用研究问题之地位的科学家。

学者拜克暗示，科学家在寻觅信息中所采取的战略促进思想的扩散。他认为，科学家从事两种类型的信息寻觅。第一种方法由一种高度定向的对特殊类型信息的寻求构成。第二种方法被描述为在一种"宽泛却有界限的"领域中非定向的寻求。拜克认为，这使得科学家的知识更广博并因而激励着他的工作。他所碰到的互有差别的思想正激励着他，并且使他不致过分专业化。对于科学家寻觅信息的描述性研究所得出的发现，可以从上述两种似乎与科学知识之结构有关行为方式的角度，进行最简明的总结。科学家通过定向的寻求，探索其自己的领域。与其他领域的许多联系是非定向寻求的结果，这些结果揭示了核心论题之外的未预料到的相关焦点。

在某种程度上，文献本身可能通过查找杂志文章来刺激这一过程。对"参考引证的分布"的研究披露，论述任何一个课题的文章，有一半集中在部分杂志之中；其余的引证文章广泛散见在一百来份关于其他课题的杂志之中。斯托达特（Stoddart）曾举例说："地理学的'主流'一直被描述为由相对少数的重要杂志组成。这些杂志被分散的、外围的、扩展到许多知识领域中的文献包围。"一位在其自己领域中的一份杂志上看到一篇另一领域的论文的科学家，可能会因此而找到进入新领域的文献的通路。

如果对联结知识领域的社会联系有更好的理解，这种对信息的非定向寻求也许是可以预见的。在某些学科中，许多科学家在一个以上的研究领域中进行研究。沿着这条路线产生思想的交叉融合并非不可能。维持一个研究领域内部必要的凝聚力的少数多产科学家，可能会与其他领域中最多产的科学家有联系，这样就为思想扩散提供了渠道。来自不同学科的，正在研究同样的经验现象的科学家群体，也可能受到彼此研究的影响。经过一段时间之后，如果他们的兴趣充分汇聚起来，那么他们会发展一个共同的范式。

第四节　解决方案：交叉融合的科学知识图谱

一　科学知识图谱的概念

科学知识图谱，是显示科学知识的发展进程与结构关系的一种图形。[1] 因为它是以科学知识为计量对象的，所以属于科学计量学的范畴。[2] 当它用数学方程式表达科学发展规律，进而用曲线将科学发展规律绘制成二维图形时，最初的知识图谱就诞生了。[3] 陈悦、刘则渊等学者将知识图谱定义为将人类不同时期内所拥有的知识资源及其载体进行可视化，绘制、挖掘、分析和显示科学知识之间的相互联系，在组织内创建知识共享的环境以促进科学研

---

[1]　D. Price, *Science Since Babylon*, Yale University Press, 1961, pp. 120-125.

[2]　H. Kretschmer, "Co-Authorship Networks of Invisible Colleges and Institutionalized Communities", *Scientometircs*, Vol. 30, No. 1, 1994, pp. 363-369.

[3]　H. Kretschmer, "Types of Two Dimensional and Three Dimensional Collaboration Patterns", *Proceedings of the Seventh Conference of the International Society for Scientometrics and Informetrics*, MexicoColima, 1999, pp. 244-257.

究的合作和深入探讨。①

二 科学知识图谱理论与方法

科学计量学家们不断努力寻找一种比传统方法有更高的客观性、科学性、有效性、高效率的新方法来研究科学的结构与进展。20 世纪 50 年代之后，科学引文索引就开始了大规模的商业化应用。加菲尔德 1955 年发表在《科学》（Science）杂志上关于引文索引的文章奠定了引文分析的基础。此外，加菲尔德为测量科学动态发展的状态，设计了一套成熟的概念工具，引文分析的概念已经成为当今科学计量学的基础研究工具。

加菲尔德的发明创造在很大程度上改变了科学计量学家对科学共同体的研究方式。虽然当时还没有"知识图谱"这一概念，但实际上将引文分析作为基础的"知识图谱"理论与方法早已应用于实践了。

经过多年的发展，ISI 提供的引文数据库越来越便利于引文结构所需的大样本统计分析，知识图谱已成为研究科学共同体的主流实证方法，很多学科领域都应用此方法。过去，研究者们将学科可视化并研究科学文献的结构是为了界定学科范围，尽管当时还没有应用"知识图谱"这一概念。现在，新一代信息科学家们正在通过科学知识图谱，将动态发展的科学结构及其交互的可视化付诸现实，努力诠释着科学和交叉学科的动态发展规律。②

---

① 陈悦、刘则渊：《悄然兴起的科学知识图谱》，《科学学研究》2005 年第 2 期。

② Spiegel-Rosing I., "The Study of Science, Technology and Society (SSTS): Recent Trend Sand Future Challenges", In: Spiegel-Rosing I., Price D., Science, Technology and Society, Lodon: Sage Publications, 1977, pp. 7-42.

知识图谱以空间的形式展现学科前沿之间的交互关系。研究发现，科学引文与被引文之间总是存在着学科内容上的某种关联。通过引文聚类分析，特别是从引文间的网状关系研究入手，能够查明学科之间的亲缘关系和结构特征，确定某学科的著者群，推测、研究学科间的交叉、渗透和衍生趋势，除此之外还能对学科的产生背景、发展概貌、相互渗透、突破性成就和发展方向进行分析，进而揭示科学的动态结构和发展规律。[1]

第五节　案例：利用科学知识图谱选择交叉学科同行评议专家

确定一个交叉学科——水，有关水的研究是一个跨物理、化学、生物等多学科的交叉学科。通过科学知识图谱的绘制，构建有关水的主要研究内容的主题概念网络和学科领域网络，并找寻到相应的合适的同行评议专家。[2]

一　数据源说明

以世界比较权威的有关水科学研究的期刊《水研究》（*Water Research*）为计量数据依据，从美国科学情报研究所的《科学引文索引》数据库中搜寻 2005—2007 年引用《水研究》的其他期刊论文信息，包括关键词、附加关键词、所属学科、作者等主要信息。

---

[1]　邱均平：《文献信息引证规律和引文分析法》，《情报理论与实践》2001 年第 3 期。

[2]　贺颖：《基于科学知识图谱的交叉学科同行评议专家遴选方法研究》，《图书情报工作》2010 年第 20 期。

二 过程说明

进入 ISI Web of Knowledge 中的 Web of Science 数据库，选择 Cited Reference Search，在被引期刊名称中填入 WATER RES 进行检索，被引时间填入 2005—2007，从 2005 至 2007 年一共有 1063 篇论文被其他期刊论文引用，由《水研究》被引论文可追溯到来自其他期刊的 3386 篇引用论文。将这 3386 篇论文的数据单元下载，并使用 Bibexcel 进行分析。把所有被引用论文的作者，视为同行评议专家的候选人。下载同行评议专家们发表论文的重要信息单元，主要有著者姓名（Author（s））、标题（Title）、关键词（Keywords）或关键词附加（Keywords - plus）以及学科类别（Subject Category）。第一，通过这些与水研究有关的重要数据单元——学科类别进行分析，确定与水有关的学科类别，绘制出水研究相关学科的三维网络图，并确定相关学科的远近关系。第二，利用下载引用期刊论文数据单元中的关键词信息，确定水研究中经常出现的高频科学词汇，绘制水研究相关高频词汇的三维网络图，确定词汇之间语义远近关系。第三，在与水研究最近的学科类别中，找到与水研究最相关的几个高频科学词汇，并通过这些高频词汇确定相应的论文著者，即为同行评议专家的最佳人选。

三 结果分析

表 5—1 是将 3386 篇在 2005—2007 年引用《水研究》的论文数据导入 Bibexcel 后，得出的被引频次超过 100 以上的期刊论文所属研究领域，即与水研究密切相关的高频

引用主题研究领域，我们看到环境科学（Environmental Sciences）、环境工程（Engineering, Environmental）、水资源（Water Resources）、化学工程（Engineering, Chemical）和生物技术与应用微生物（Biotechnology & Applied Microbiology）五个主题研究领域与水研究有非常密切的学术关联。此频次数据表可以提示科学评价管理者从以上主题研究领域的学科中挑选能够对水研究项目进行科学评价的同行评议专家。

表 5—1　　　　　　2005—2007 年引用《水研究》
期刊论文所属研究领域

排序	频次	主题研究领域
1	1587	Environmental Sciences（环境科学）
2	1127	Engineering, Environmental（环境工程）
3	708	Water Resources（水资源）
4	500	Engineering, Chemical（化学工程）
5	408	Biotechnology & Applied Microbiology（生物技术与应用微生物学）
6	294	Engineering, Civil（民用工程）
7	255	Chemistry, Physical（物理化学）
8	198	Chemistry, Analytical（分析化学）
9	185	Microbiology（微生物学）
10	165	Chemistry, Multidisciplinary（多学科化学）
11	104	Limnology（湖沼学）

表 5—2 是由表 5—1 的引用频次数据经过 Bibexcel 的共被引分析而得到的部分与水研究相关的主题研究领域之间的互引矩阵，为绘制水研究相关主题研究领域三维图谱

做数据准备。

表 5—2　　2005—2007 年引用《水研究》主题研究
领域之间的互引矩阵（部分）

	Biotechnology_&_Applied_Microbiology $408	Chemistry_Analytical $198	Chemistry_Multidisciplinary $165	Chemistry_Physical $255	Engineering_Chemical $500	Engineering_Civil $294	Engineering_Environmental $1127	Environmental_Sciences $1587	Limnology $104
Biotechnology_&_Applied_Microbiology $408	0	4	36	0	84	0	0	6	0
Chemistry_Analytical $198	0	0	0	0	0	0	0	18	0
Chemistry_Multidisciplinary $165	0	0	0	2	82	0	4	4	0
Chemistry_Physical $255	0	0	0	0	64	0	31	11	0
Engineering_Chemical $500	0	0	0	0	0	0	0	5	0
Engineering_Civil $294	0	0	0	0	0	0	0	245	0
Engineering_Environmental $1127	0	0	0	0	36	247	0	1087	87
Environmental_Sciences $1587	0	0	0	0	0	0	0	0	97
Limnology $104	0	0	0	0	0	0	0	0	0
Microbiology $185	0	0	0	0	0	0	0	0	0
Water_Resources $708	0	0	0	0	0	0	0	0	0

　　图 5—1 是将表 5—2 中与水研究相关的主题研究领域之间的互引矩阵数据输入 UCINET6.0 后，由 UCINET6.0 自带的 NetDrew 绘制出来的与水研究相关主题研究领域之间关系的三维网络图。从图上可以看出与水研究相关的各个学科的相互关系，图中圆点表示与水研究相关的学科，即能够对交叉学科——水——的科学评价项目进行评审的同行评议专家的来源学科。相关学科之间的关系由有向线段表示，有向线段的箭头代表影响力，有向线段上标示的数字代表学科与学科之间学术关系的远近差异，并且用线段的粗细表示出学科关系的亲密程度。线段上的数字只是代表学科之间相对距离，而不是实际距离。从图上我们可以看出，有三个点之间的线段比其他点之间的连线粗很多，即 Environmental Sciences、Engineering，Environmental、Water Resources，它们之间的距离分别为 1087、530 和 597，

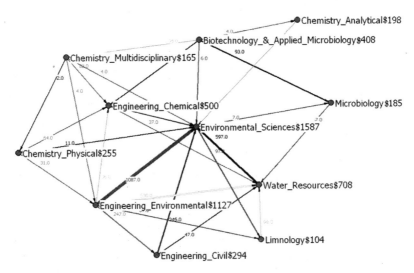

图 5—1　水研究相关研究领域之间关系的三维图

说明对于水研究来说，这三个学科之间已经形成了非常稳定和密切的关系。

图 5—2 是将表 5—2 与水研究高频相关的学科互引矩阵数据输入 SPSS 后得到的高频相关的多维尺度图。表 5—3 是《水研究》高频相关学科之间关系的多维尺度数据表（stress = 0.082）。

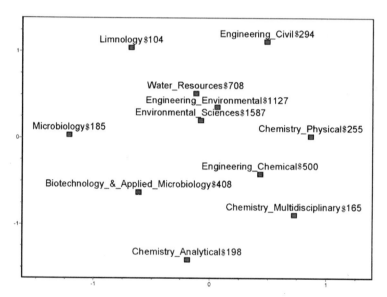

图 5—2　与水研究高频相关学科之间关系的多维尺度图

多维尺度分析是通过低维空间，即二维空间展示相关学科之间的关联，使用平面距离描述水研究相关学科之间的相似程度。在图 5—2 中，相关学科的位置显示了学科之间的相似性，有着高度相似性的水研究相关学科聚集在一起。并且，学科越处于多维尺度图中心位置表明与此学科有联系的其他学科越多，在对交叉学科——水的研究中，这些学科相对于其他学科的位置就更为重要。图 5—2 显示

Environmental Sciences、Engineering Environmental、Water Resources 三个学科处于中心位置，说明跟水研究关系非常密切，而且三个学科关系也非常紧密，同时也印证了图5—1。所以通过多维尺度分析，可以比较容易地判断出对交叉学科研究最为重要的相关学科。

表5—3　　　　与水研究高频相关学科之间关系的
多维尺度数据表（stress = 0.082）

相关学科	1	2
Biotechnology_ &_ Applied_ Microbiology $ 408	−0.611	−0.628
Chemistry_ Analytical $ 198	−0.191	−1.410
Chemistry_ Multidisciplinary $ 165	0.723	−0.889
Chemistry_ Physical $ 255	1.211	0.177
Engineering_ Chemical $ 500	0.435	−0.416
Engineering_ Civil $ 294	0.489	1.120
Engineering_ Environmental $ 1127	0.059	0.348
Environmental_ Sciences $ 1587	−0.070	0.234
Limnology $ 104	−0.679	1.047
Microbiology $ 185	−1.278	0.023
Water_ Resources $ 708	−0.089	0.395

　　表5—4是将3386篇引用论文的数据导入 Bibexcel 后，得出的使用频次超过30以上的引用《水研究》论文所使用的高频关键词的排序情况。关键词一般都会揭示论文所研究的主题内容，因此所使用的关键词频次越高，代表的交叉学科的某方面主题内容越被关注，并逐渐成为交叉学科所研究的焦点或热点问题。从表5—4的数据可以看出，

有关水的热点研究的主题内容包括：污水（wastewater）、吸收（adsorption）、吸附作用（nitrification）、生物膜反应器（membrane bioreactor）、动力学（kinetic）等。

表5—4　2005—2007年引用《水研究》期刊论文
所使用高频关键词

排序	频次	关键词（英文）	关键词（中文）
1	214	wastewater	污水
2	206	adsorption	吸收
3	126	nitrification	吸附作用
4	122	membrane bioreactor	生物膜反应器
5	111	kinetic	动力学
6	88	ozone	臭氧
7	80	model	建模
8	77	activated sludge	活性污泥
9	75	arsenic	砷
10	72	biodegradation	生物降解
11	72	biosorption	生物吸附
12	70	activated carbon	活性炭
13	70	pharmaceutical	医药品
14	67	drinking water	饮用水
15	60	heavy metal	重金属
16	60	sorption	吸附作用
17	59	biofilm	生物膜
18	45	waterquality	水质量
19	43	toxicity	毒性

续表

排序	频次	关键词（英文）	关键词（中文）
20	41	fouling	污垢
21	40	water treatment	水处理
22	35	denitrification	反硝化作用
23	32	anaerobic digestion	厌氧消化

由于表5—4中这些关键词是有关水研究相关学科论文中出现频次最高的词，它们在很大程度上代表了当前与水研究密切相关的某些学科的研究热点。但是由于某一学科的研究热点会涉及许多相关知识点和其他领域的热点，同时不同的学者对于关键词的把握也会不一致，因此还需要进一步反映这些关键词之间的关系。所以对选出来的高频关键词按照共词分析的思想进行了进一步处理：两两统计它们在同一篇文献中出现的次数，形成一个共词矩阵。表5—5是将表5—4中高频关键词数据输入 UCINET6.0 后得到的部分高频关键词共词矩阵。

图5—3是将表5—5中的与水研究相关学科高频关键词的共词矩阵输入 UCINET6.0 后，由 UCINET6.0 自带的 NetDrew 绘制出来的与水研究密切相关的学科热点研究主题三维网络图。从图中我们可以看到，每个点代表水研究的一个热点研究主题，有向线段代表主题之间的关联，线段边上的数字代表主题相互的关联程度。不同研究主题之间差异度也均有所不同，研究主题与研究主题之间的连线密度都很大，这是由科学语言的丰富性、科学研究方法的等同性、科学研究视角的共同性等多方面原因造成的，每个研究主题或多或少都与其他主题相关。

表 5—5　　2005—2007 年引用《水研究》期刊论文

高频关键词共词矩阵（部分）

	activated_carbon $70	activated_sludge $77	adsorption $206	anaerobic_digestion $32	arsenic $75	biodegradation $72	biofilm $59	biosorption $72	denitrification $35
activated_ carbon $70	0	0	20	0	6	1	1	1	0
activated_ sludge $77	0	0	3	3	0	4	0	0	0
adsorption $206	16	0	1	2	14	3	0	4	0
anaerobic_ digestion $32	0	0	0	1	0	1	0	0	0
arsenic $75	3	1	7	0	23	0	0	0	0
biodegradation $72	0	1	2	4	0	1	1	0	3
biofilm $59	0	0	0	0	0	1	4	1	1
biosorption $72	1	1	1	0	2	0	0	6	0

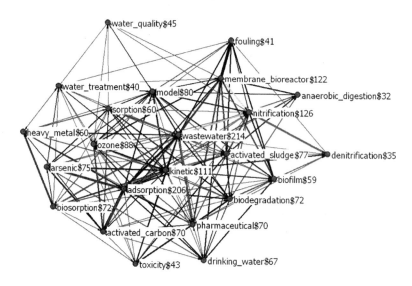

图 5—3　与水研究密切相关的学科研究热点三维主题网络图

根据表5—5与水研究相关学科研究热点高频关键词的频次数据输入 Bibexcel，然后经过 UCINET6.0 分析后得到这个科学共同体的研究主题共词矩阵。根据相关性将共词矩阵转化为斯皮尔曼相关矩阵（Spearman），由此消除由共词频次差异带来的影响。在相关矩阵的基础上，计算多维尺度数据，见表5—6与水研究密切相关的学科研究热点主题多维尺度数据表。根据数据表的结果绘制与水研究密切相关的学科研究主题多维尺度图（stress＝0.187）。从图5—4可以看出 wastewater、biodegradation、kinetic、model、activated_ sludge、nitrification、membrane_ bioreactor、pharmaceutical 这些词汇位于多维尺度图两原点坐标相交的图形中心周围，说明它们是2005—2007年与水研究相关学科领域的研究热点问题，同时也可以从这些科学词汇中选取一个或多个词语作为水研究相关领域同行评议专家重点研究专业方向的线索，最终找寻到交叉学科的最优同行评议专家。

表5—6　　与水研究密切相关的学科研究
热点主题多维尺度数据表

热点主题	维度 1	维度 2
activated_ carbon $ 70	0.257	−0.774
activated_ sludge $ 77	−0.325	0.577
adsorption $ 206	−0.071	−0.516
anaerobic_ digestion $ 32	−1.054	0.845
arsenic $ 75	0.068	−1.023
biodegradation $ 72	0.017	0.281
biofilm $ 59	0.608	0.715
biosorption $ 72	−0.496	−0.958
denitrification $ 35	−0.140	1.557

热点主题	维度 1	维度 2
drinking_ water $ 67	1.170	0.166
fouling $ 41	0.775	1.173
heavy_ metal $ 60	−0.834	−1.156
kinetic $ 111	−0.321	−0.214
membrane_ bioreactor $ 122	0.314	0.592
model $ 80	−0.517	0.191
nitrification $ 126	−0.045	0.769
ozone $ 88	0.570	−0.307
pharmaceutical $ 70	0.544	0.073
sorption $ 60	−0.819	−0.432
toxicity $ 43	1.114	−0.464
wastewater $ 214	0.018	−0.011
water_ quality $ 45	−1.567	0.035
water_ treatment $ 40	0.733	−1.119

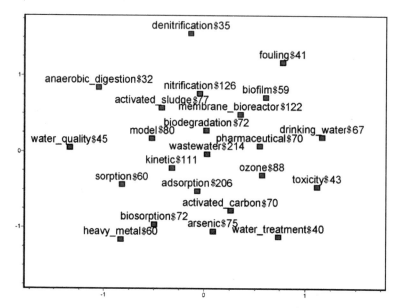

图 5—4　与水研究密切相关的学科研究热点主题多维尺度图

　　水的研究与其相关学科 Environmental Sciences、Water Resources、Engineering Environmental 等学科领域可以形成交叉和融合，主要是因为学科之间研究对象的交叉、科学主体的交叉和学科范式的交叉，由于学科语言的移植再生、科学方法的借鉴渗透、理论一体化水平互补融合反过来又促进了水研究这个交叉学科的发展和学科的融合。在与水研究最为相关的学科中，选择 Environmental Sciences，看看 Environmental Sciences 中哪些专业领域对水研究是最有效用的研究热点，以及这些研究热点领域的专家学者都有哪些人，这些人即为交叉学科中最为适合的同行评议专家的候选人。

　　首先，从 SCI 中下载的 3386 篇 2005—2007 年引用《水研究》的期刊论文数据信息，通过简单地编程将 ISI 数据格式转化为 Excel 数据格式，所编程序详见附录:《交叉学科同行评议专家信息的 ISI 格式转为 Excel 格式导入程序》。表 5—7 是导入 Excel 后部分引用《水研究》的期刊论文 AU、DE 和 SC 字段的数据信息，其中，AU 代表作者，DE 代表所发文章的关键词，SC 代表发表论文所属的相关学科。然后，在 SC 字段中查找与水研究最为相关的学科领域 Environmental Sciences，请见表 5—7 中 SC 字段中用深色底纹标示出的 Environmental Sciences。在所有 SC 中有 Environmental Sciences 的行里，记录下 DE 都包含哪些关键词，并将所有符合条件的关键词进行统计，统计出高频关键词，这些高频关键词就是 Environmental Sciences 学科与水研究相关的研究热点方向。表 5—8 即为 Environmental Sciences 学科与水研究相关的高频关键词频次排名。

表 5—7　引用《水研究》的期刊论文 AU、DE 和 SC 字段的数据信息（部分）

AU	DE	SC
Tafangenyasha, C; Dube, LT;	agricultural runoff; water quality; nutrients; benthic invertebrates;	Engineering, Civil; Water Resources;
Vincent, T; Guibal, E; Chiarizia, R;	palladium; Cyanex 301; alginate; gelatin; emulsion; precipitation;	Chemistry, Multidisciplinary; Engineering, Chemical;
de Vicente, I; Jensen, HS; Andersen, FO;	eutrophication; restoration; aluminum; phosphate; humic acid; lakes;	Environmental Sciences;
Centi, G; Perathoner, S;	catalysis; layered materials; clay; layered perovskite; PILC; hydrotalcite;	Chemistry, Applied; Chemistry, Physical; Nanoscience & Nanotechnology; Materials Science, Multidisciplinary;
Caudo, S; Genovese, C; Perathoner, S; Centi, G;	copper-pillared clay; layered materials; PILC; wastewater; H2O2;	Chemistry, Applied; Chemistry, Physical; Nanoscience & Nanotechnology; Materials Science, Multidisciplinary;
Brook, EJ; Christley, RM; French, NP; Hart, CA;	cattle; Cryptosporidium; ROC; sensitivity; specificity;	Biotechnology & Applied Microbiology; Microbiology;
Unluturk, S; Atilgan, MR; Baysal, AH; Tari, C;	liquid egg products; non-thermal process; E. coli; ultraviolet light; inactivation;	Engineering, Chemical; Food Science & Technology;

续表

AU	DE	SC
Ramaseshan, R; Sundarrajan, S; Jose, R; Ramakrishna, S;	* * *;	Physics, Applied;
Li, S; Bejan, D; McDowell, MS; Bunce, NJ;	sulfamethoxazole; boron-doped diamond anode; electrochemical oxidation; diffusion vs. current control; mineralization;	Electrochemistry;
Carissimi, E; Miller, JD; Rubio, J;	flocculation; hydrodynamic; coiled reactor; stiffed vessel;	Engineering, Chemical; Mineralogy; Mining & Mineral Processing;
Davies, BR; Biggs, J; Williams, PJ; Lee, JT; Thompson, S;	watershed; microcatchment; aquatic biodiversity; agri-environmentschemes; diffuse pollution;	Marine & Freshwater Biology;
Ying, GG; Kookana, RS; Kumar, A;	estrogens; alkylphenols; bisphenol A; removal; effluent;	Environmental Sciences; Toxicology;
Zanetti, F; De Luca, G; Sacchetti, R; Stampi, S;	wastewater; peracetic acid; disinfection; bacterial indicators; bacteriophages;	Environmental Sciences;
Marsili-Libelli, S; Giusti, E;	river quality; model identification; parameter estimation; ecologicalmodels; sensitivity; uncertainty analysis;	Computer Science, Interdisciplinary Applications; Engineering, Environmental; Environmental Sciences;

续表

AU	DE	SC
Matheswaran, M; Balaji, S; Chung, SJ; Moon, IS;	mediated electrochemical oxidation; cerium; silver; mixed mediators; phenol destruction; carbondioxide;	Electrochemistry;
Soni, KA; Balasubramanian, AK; Beskok, A; Pillai, SD;	* * *;	Microbiology;
Oleszczuk, P;	PAHs; bioavailability; sequestration; composting; sewage sludge; mild-solvent extraction;	Environmental Sciences;
Lameiras, S; Quintelas, C; Tavares, T;	activated carbon; biofilm; biosorption; chromium (VI); zeolite;	Agricultural Engineering; Biotechnology & Applied Microbiology; Energy & Fuels;
Guo, JB; Zhou, JT; Wang, D; Yang, JL; Li, ZX;	bromoamine acid (BA); decolorization; azo dye; Oxidation-ReductionPotential (ORP); redox mediator; salt-tolerant bacteria;	Biotechnology & Applied Microbiology;

从表 5—8 中可以看出，Environmental Sciences 学科与水研究相关的主要研究热点有 wastewater、adsorption、ozone、kinetic、nitrification 等。

表 5—8　Environmental Sciences 学科与水研究相关的
高频关键词频次排名

频次	关键词
136	wastewater（污水）
106	adsorption（吸收）
64	ozone（臭氧）
60	kinetic（动力学）
60	nitrification（吸附作用）
47	activatedcarbon（活性炭）
46	arsenic（砷）
45	sorption（吸附作用）
45	biodegradation（生物降解）
42	activatedsludge（活性污泥）
40	model（模式）
38	pharmaceutical（医药品）
37	heavymetal（重金属）
35	drinkingwater（饮用水）
33	biosorption（生物吸附）

如果我们把 wastewater 作为交叉学科——水研究与 Environmental Sciences 共同研究热点问题，希望能找到合适的科学家、学者作为交叉学科的同行评议专家。我们可以在表 5—7 中找寻所属学科 SC 中有 Environmental Sciences，并且在关键词 DE 中有 wastewater 的行，统计作者字段 AU 中的高频作者，这些高频作者即为交叉学科某一领域中最适合的同行评议专家。见表 5—9，Logan，BE 引用《水研

究》期刊同时又以 wastewater 作为关键词发表的论文的频次为 6 次，我们可以将其视为在水研究相关学科 Environmental Sciences 中以 wastewater 作为研究重点的学者，可以作为交叉学科同行评议专家最为合适的候选人。

表 5—9　　与水研究相关学科 Environmental Sciences
中以 wastewater 作为研究热点的同行专家

作者姓名	频次
Logan，BE	6
Barcelo，D	4
Garcia，J	4
Korbahti，BK	4
Ma，HZ	4
Muller，J	4
Tyagi，RD	4
Wang，B	4
Wang，SB	4

第六节　给同行评议专家遴选系统的启示

交叉学科由于是多学科即在研究对象、科学主体、学科范式三个方面的相互融合与交叉，所以交叉学科具有很强的创新特性，因此交叉学科同行评议专家的选择是一个比较复杂的问题。从科学计量学的角度来分析、研究交叉学科同行评议专家遴选问题，是非常具有借鉴作用和现实作用的。[①]

一　准确判定交叉学科相近研究领域

从上面的实验分析过程中，我们可以看出，采用科学知识图谱等科学计量的方法，通过确定某一交叉学科期刊被引用的情况，尤其是引用论文的所属学科等信息，可以反映科学论文所涉及的学科研究领域。通过真实、可靠的数据和绘制的科学知识图谱来描绘交叉学科的学科结构，以及交叉学科中相关学科的学术关联，从而为科学评价管理者准确判定所要进行科学评价的交叉学科项目提供了同行评议专家应具有的相关学科背景知识，同时也可以为科研管理者把握交叉学科发展方向、规律提供可靠的数据支持。[②]

二　准确判定交叉学科热点研究主题

交叉学科是由多学科相互作用、融合而成的具有很强创新特点的学科。不同学科相互交融的基本原因在于对不同学科所使用的科学语言和科学词汇的共同理解。通过科学计量学的方法给科学评价管理者提供交叉学科热点研究的主题信息。汇集引用交叉学科的期刊论文，下载论文关键词、附加关键词等数据信息，经过数据筛选、分析、绘图等科学计量学的方法可以把不同学科围绕交叉学科的研究热点问题弄清楚。并且可以从交叉学科研究热点问题中，判断被科学评价项目的新颖性、创新性，还可以找到某个研究主题所涉及的不同学科领域，从这些研究领域可

[①]　贺颖：《基于科学知识图谱的交叉学科同行评议专家遴选方法研究》，《图书情报工作》2010 年第 20 期。

[②]　同上。

以找寻到非常合适的、与研究主题相关的同行评议专家。[①]

三　准确判定交叉学科最合适的同行评议专家

通过确定同行评议专家在核心期刊上发表论文所使用的关键词、附加关键词、主题词等反映科学论文实质内容的词汇使用频次情况，掌握同行评议专家所研究的真实科研内容及其研究的发展动态。这样从真实的、客观的科学研究论文内容的视角出发，挖掘同行评议专家真正熟悉的学科研究领域。采用科学计量等方法，能够帮助科学评价管理者准确判定同行评议专家所擅长的研究领域和主题，还能够帮助科学评价管理者了解同行评议专家的真实科研情况以及科研水平，选择真正的同行专家去评议他们所熟知的科学领域内的科学研究项目，并为挑选适合交叉学科的同行评议专家，及其科研方向、能力信息提供准确的佐证资料。[②]

第七节　本章小结

一　创新是科学共同体互动的结果

科学评价工作的本质是对科学项目创新性的评审，这是科学评价活动的基本着眼点。具有浓烈原创思想的科学评价项目，一般都是产生于交叉学科领域中的，融合了多学科的思想精华。因此，交叉学科的产生、发展及其学科

---

① 贺颖：《基于科学知识图谱的交叉学科同行评议专家遴选方法研究》，《图书情报工作》2010 年第 20 期。

② 同上。

结构就成为科研管理者关注和研究的重点。现代科学研究对象、科学主体、学科范式的交叉融合造就了交叉学科，同时形成了交叉学科独有的创新特色。交叉学科形成的最根本的因素是科学共同体的互动，而科学共同体之所以能够互动是因为他们共用某些科学语词与概念。这些科学语词与概念同时也可以成为查找交叉学科研究的热点主题的线索。[1]

二 利用科学知识图谱选择交叉学科同行评议专家

通过真实、可靠的数据和绘制的科学知识图谱来描绘交叉学科的学科结构，为科学评价管理者准确判定所要进行科学评价的交叉学科项目提供了同行评议专家应具有的相关学科背景知识。同时也可以为科研管理者把握交叉学科发展方向、规律提供可靠的数据支持。通过科学计量学的方法可以从交叉学科研究热点问题中，判断被科学评价项目的新颖性、创新性，还可以找到某个研究主题所涉及的不同学科领域，从这些研究领域可以找寻到非常合适的、与研究主题相关的同行评议专家。[2]

---

[1] 贺颖：《基于科学知识图谱的交叉学科同行评议专家遴选方法研究》，《图书情报工作》2010 年第 20 期。

[2] 同上。

第六章

基于科学贡献程度的同行评议专家的选择问题

为了得到高质量的同行评议效果，保证同行评议结果的科学性、权威性，应该尽量选择科学贡献程度比较大的专家作为参与同行评议的评审专家。对于那些为数不多的获得诺贝尔奖的科学家而言，他们研究工作的影响力和实用性是毋庸置疑的，他们作为同行评议专家的权威性也是不容否认的。那么对于其他科学研究人员，特别是以同行评议专家身份出现的科研人员，怎样用定量方法来衡量个人科研产出的累积效果和实用性呢？

第一节 当前同行评议中评审专家科学贡献程度评定指标的局限

均值、相对频次和分位数等简单统计函数是传统的文献计量学指标的工具。这些来自于论文和引文的统计已被证明是测量科研活动与绩效的一种有效工具，特别是那些标准化的指标在宏观和中观层面的比较中有很多优势。但是，如果将其用在对同行评议专家个人科研绩效的评估方面，也就是从微观角度的评估，仍然存在很多问题。一是为了获得统计意义上具有可信度的指标，就必须在短时间内有足够数量的论文来进行统计；二是研究的产出率和引文影响力两个指标没有相关性。所以，需要检验高（低）论文产出和高（低）引文影响力之间的关系。[①]

众所周知，同行评议专家发表论文的数量和论文被引频次本身也包含了很多有用的信息。从这些信息中可以获得同行评议专家发表的论文数量（N_p）、每篇论文（j）得到的引文数（N_c^j）、论文发表的期刊以及期刊的影响参数等。而且，不同的科学评价管理者会使用不同的标准对同行评议专家的这些科研活动进行评估，但每种指标都有其优点和缺点。

1. 论文总数（N_p）

优点是可以直接测度同行评议专家的科学生产力；缺点是不能测度同行评议专家论文的重要性和影响力。

2. 引文总数（$N_{c,tot}$）

优点是可以测度同行评议专家论文的总体影响力。缺点一是如果是合著论文，同行评议专家的影响力会被夸大，重要的合著论文并不代表作者的实际影响力；缺点二是当被引次数相同时，不能区分评论性文章与原创性研究成果孰轻孰重。

3. 篇均引文数

篇均引文数即引文总数与论文总数的比值。优点是可以比较不同时代科研人员或同行评议专家的影响力；缺点是数据不容易获得，容易造成奖少惩多。

4. 重要论文的数量

重要论文的数量通常是指同行评议专家引文数超过某

---

① Wolfgang Glanzel：《也谈 h 指数的机会和局限性》，刘俊婉译，《科学观察》2006 年第 1 期。

特定值的论文数量。优点是提出了一个具有普遍性和可续久性的想法，消除了前面各种指标的缺点；缺点是特定值的选取是任意的，而且需要随着同行评议专家群体资历水平的不同进行及时调整。

5. 被引前 q 名论文的引文数

例如，q＝5 表示被引最多的前五篇论文的引文数。此指标的优点是克服了上述指标中的很多缺点；缺点是因为该项指标不止一项数据，因此数据的获取与比较就会变得比较困难。

第二节　解决方案：利用 h 指数选择贡献 突出的同行评议专家

美国加州大学圣迭哥分校的物理学家赫什（J. E. Hirsch）教授利用论文的被引频次和论文数量设计了一项评价科学家个人业绩的指标，被称作 "h 指数"。赫什教授认为 h 指数是一种很难作弊且透明公正的科研绩效评价指标。h 指数一经问世，就引起了广泛关注。《Nature》在 2005 年 8 月 18 日发表了题为 "Index aims for fair ranking of scientists" 的报道文章，文章用 "公正排序" 的标题词充分肯定了 h 指数在对科学家个人业绩进行评价中的作用。[1] 赫什的 h 指数在文献计量学家、信息科学家以及科技政策制定者中引起强烈关注，不仅关注 h 指数的有效性和应用性，而且涉及如何应用引文分析进行科研评价

---

[1]　Ball P., "Index Aims for Fair Ranking of Scientists", *Nature*, Vol. 436, No. 7053, 2005, p. 900.

的热烈讨论。[①]

"h指数"的定义：一个科学家的分值为h，当且仅当他发表的N_p篇论文中有h篇论文每篇获得了不少于h次的引文数，科学家剩下的（N_p-h）篇论文中每篇论文的引文数都小于h次。[②]

根据对许多物理学家引文记录的观察结果，赫什得出了这样的结论：

（1）经过20年的科研活动，科学家的h指数为20，此时可以认为该科学家的科学研究是成功的；（2）经过20年的科研活动后，科学家的h指数为40，此时可以认为该科学家的科学研究是卓有成效的，而且这些科学家很可能曾经在顶级学人或重点实验室中工作过；（3）经过20年或30年的科学研究以后，科学家的h指数分别为60或90，则可以认为该科学家是真正的科学精英。

第三节　h指数对同行评议专家遴选的实际意义

h指数优于其他一般用于评价同行评议专家科研贡献的单项指标，是因为它能够测度同行评议专家个人工作的主要影响力；它能够避免其他那些科学评价指标的一系列缺点。例如，通过由像汤姆森公司开发的Web of Science数据库或其他大型引文索引数据库可以收集到同行评议专

---

① Henk F.，Moed：《h指数构建有创意用于评价要慎重》，刘俊婉译，《科学观察》2006年第1期。

② J. E. Hirsch：《衡量科学家个人成就的一个量化指标》，刘俊婉译，《科学观察》2006年第1期。

家发表的所有文章及这些文章的被引次数。将这些论文按照其被引数降序排列，然后从排序最高的论文开始向下逐条计数，一直到某篇论文的排序号与该篇论文的引文数大致相当为止，则该篇论文的序号数就是 h 指数数值。

以科学计量学著名学者 GARFIELD E 为例，在 Web of Science 数据库中查找他的科学贡献计量指标 h 指数。打开 ISI Web of Knowledge 的 Web of Science，在 Web of Science 中的 Search for 填入 GARFIELD E，按照著者线索查找 GARFIELD E 在 SCI 收录的科学论文，如图 6—1 所示。

图 6—2 是在 Web of Knowledge 显示的结果窗口，可以看到从 1840 年至今，SCI 一共收录了 GARFIELD E 59 篇论文，在 Sort by 中选择 Times Cited 按被引用次数显示 GARF-IELD E 高被引的论文。

图 6—3 和图 6—4 显示 GARFIELD E 高被引论文，按照其被引数降序排列，然后从排序最高的论文开始向下逐条计数，一直到某篇论文的排序号与该篇论文的引文数大致相当为止，则该篇论文的序号数就是 h 指数数值。第 9 篇论文被引数为 11，第 10 篇论文被引数为 9，即有 9 篇论文每篇论文的引文数不少于 9 次，因此，GARFIELD E 的 h 指数为 9。在这里要特别说明一下，SCI 只收录发表在自然科学类期刊的科学论文，而科学计量学是一门自然科学和社会科学交叉的复合型学科，GARFIELD E 一部分论文发表在被 SSCI 收录的社会科学类期刊上，因而 GARFIELD E 在 SCI 上显示出的 h 指标为 9。

因此，我们可以估测出同行评议专家总被引频次的大致范围，即使两个同行评议专家的论文数量或引文数量有很大差别，但如果具有相似的 h 指数，则仍然可以认为他们的整体科学影响力相当。反之，科学生涯相同的两个同行评议专家，即使有相近的论文或引文数量，如果他们的 h 指数有很大差异，同样可以知道具有较高 h 指数的同行评议专家会是一位更加"优秀"的科学家。

在数值上，在"正常"情况下，排在引文高端的论文可能获得新的被引频次，引文数小于 h 值的论文有可能在数量上增加，而某个同行评议专家的 h 指数不会随着这部分引文和论文的增加而增加。一方面，这种特性使得 h 指数很稳定；另一方面，h 指数的数值仍然取决于作者论文的引文分布形式。

所以，当人们把科学成就作为重要的评价标准对同行评议专家进行评判时，以对一个同行评议专家累积科研成果的重要性、意义和影响力进行评估的简单易算的"h 指数"，应该是一种有用的标尺，而且是一个公正的方式。

图 6—1　在 Web of Knowledge 中查找 GARFIELD E 的 h 指数（1）

图6—2   在 Web of Knowledge 中查找 GARFIELD E 的 h 指数（2）

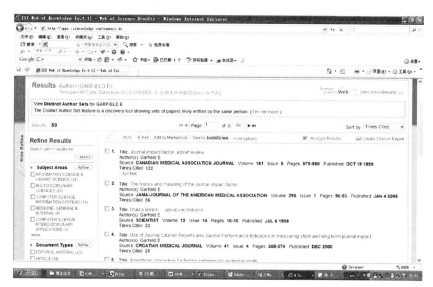

图6—3   在 Web of Knowledge 中查找 GARFIELD E 的 h 指数（3）

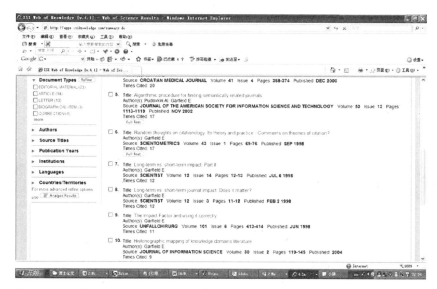

图 6—4　在 Web of Knowledge 中查找 GARFIELD E 的 h 指数 (4)

第四节　本章小结

同行评议专家的科学贡献程度是同行评议结果的科学性、权威性，以及获得高质量同行评议效果的必要保证。以同行评议专家身份出现的科研人员，可以使用科学计量学新出现的 h 指数作为衡量个人科研产出的累积效果和实用性的定量方法。h 指数优于其他一般用于评价同行评议专家科研贡献的单项指标，是因为它能够避免其他那些科学评价指标的一系列缺点，并且能够测度同行评议专家个人工作的主要影响力。通过一些大型科学论文引文索引数据库中所显示的论文被引数和排序数便可方便地得到 h 指数。

当人们把科学成就作为重要的评价标准对同行评议专

家进行评判时，以对一个同行评议专家累积科研成果的重要性、意义和影响力进行评估的简单易算的"h 指数"，因其稳健性和持久性的特点，应该是一种有用的标尺，而且是一个公正的方式。

第七章

同行评议专家遴选系统
模型构建问题

同行评议专家遴选系统是同行评议专家库的一个重要的组成部分，是在相同学术范式的"小"科学共同体中找寻优秀科学家的实现手段，以上几个章节有关同行评议专家的选择问题都是围绕同行评议专家遴选系统建构问题展开的。

第一节　同行评议专家遴选的基本标准

一　同行评议专家的道德标准

同行评议专家的道德标准事关学术评判的客观公正。由于科学评价的评审工作是一个复杂的系统工程，同行评议的客观性和公正性不可避免地受同行评议专家的各种社会关系的影响。因此，同行评议专家的非学术因素如人际关系等有时可能会导致同行评议的不公正或无效。要保证同行评议的质量与公正性，必须极力强调同行评议专家的道德标准，提高评审专家的道德素养，使之保持客观的学术态度，实现同行评议专家与所有被评议人之间在人际关系上"等距离"，没有亲疏远近之别。也就是说，同行评议专家在进行科学评价时，只能考虑评价对象的科学价值，而与研究者个人特征无关，保证评议工作不受私心的影响。因此必须杜绝评议专家在科学评议过程中带有任何感情色彩，例如，同行评议专家与某个被评议人（项目）之间存在利益冲突或暧昧关系，带着这种偏见进行科学评价时，必将失去客观性与公正性，这种现象一经查处，必须严肃处理，决不姑息迁就。[①] 同行评议专家将会失去多年累积、来之不易的学术声望和个人名誉、信誉。

二　同行评议专家的学术标准

同行评议的质量取决于同行评议专家的学术水平，评议专家应该努力学习新的知识，站在本学科发展的前沿，熟练掌握本学科的发展动态，做到与时俱进，不断提高自己的学术水平。评议专家的学术水平包括该专家近年来的学术成果，如学术论文的质量、数量、代表作（专著），获奖的级别和等次，获专利的种类、范围和数量，以及该专家的学术地位，如承担的科研课题级别和数量、学术任职、专业年龄、学历背景、是否学科带头人和相关的科研经历等。

第二节　基于科学计量的同行评议专家研究领域的准确判定

一　传统同行评议专家研究领域的确定方式

现在普遍实行的同行评议专家遴选方式是由各个基层

---

① 曾旸：《科学基金项目同行评议体系探讨》，《技术与创新管理》2006 年第8 期。

科研院所和高等院校逐级进行推荐，并且组织相关人员填写同行评议专家推荐信息表。通过推荐信息表可以将专家信息分为两类：一类是以前已推荐的专家，另一类是新推选的专家。在已推荐专家的信息表里，除了个人基本情况简介和联系方式以外，主要反映专家工作状况的信息，如熟悉专业领域、部分熟悉专业领域、研究领域的关键词，还有近期科研成果或进展情况的信息。在增补专家推荐信息表里，除了个人基本情况、联系方式以及熟悉专业领域和部分熟悉专业领域及关键词以外，还有近3—5年发表论文情况、近期科研成果摘要、是否参加过科研基金等情况简述。通过层层推选、审报，最后形成一个同行评议专家系统，在进行科学评价时从相应的学科领域中随机选择评审专家。

　　传统同行评议专家遴选系统中的熟悉专业领域、部分熟悉专业领域和研究领域关键词都是由专家本人填写，而评价管理者并不知晓专家对专业领域和其他部分专业领域熟悉的程度，不知道专家在所属学科中所持的学术范式和所属学术流派，也不清楚专家之间合作关系怎样。这样都给同行评议的科学评价的公正性带来了隐患，比如由于"大"同行知识面所限，不能很好地了解评审对象的研究内容，从而导致评价项目被毙掉；或者由于同一学科内不同学派的专家可能不好理解处于其他学派的被评审人所申请的项目内容，从而造成误判，或产生"非共识"性项目；再者，由于传统同行评议专家推荐信息表中，不能反映出对交叉学科的熟悉程度，在挑选交叉领域评议专家时往往带有偶然性，造成评审专家在评价创新性的交叉学科申请项目时的评议困难。凡此种种，都会对同行评议的结果带来很多异议。

二   基于科学计量的同行评议专家研究领域的判定

如前几章所述，科学计量作为科学共同体的外部评价方法可以给科学共同体内部评价方法——同行评议很多借鉴。科学计量本身带有客观性，会给主观性非常明显的同行评议一些客观性的约束，使评议结果更为公正。

用科学计量的方法可以通过以下步骤来较为准确地测定同行评议专家的研究领域和熟悉程度。第一，通过 SCI、SSCI、CSSCI、CSTPCD 等重要引文索引数据库查找评审专家所处学科的引文总体情况，并使用著者同被引和科学图谱理论以及可视化信息技术，构建三维著者同被引图谱，将每个学科领域内的著者群划分为不同学派，并掌握每个学派的学术范式。在三维著者同被引图谱中找到评审专家所处的学派并了解其所持学术范式。第二，对评审专家发表论文所附带的关键词进行分析，准确地掌握其研究领域和研究方向的变化情况。第三，对以问题为驱动的创新性交叉学科领域，则查找与研究问题相关的期刊论文及引文；用领域主题分析的方法，探查与研究问题密切相关的学科及相关领域，并对研究问题的关键词做共词分析，确定与研究问题相关度最大的研究领域，并根据步骤一找到相关学科领域专家，之后进行步骤二的内容，挑选与研究问题有共同或近似关键词的专家，即可将其作为评审交叉学科的同行评议专家。

第三节　同行评议专家的评价指标

一　同行评议专家基本指标

（一）基本指标考察内容

建立同行评议专家基本情况指标，是为了获得有关该专家学术水平、研究领域等方面的基本情况，以判断其是否具备作为一名同行评议专家的最基本的必要条件。通过筛选，我们沿用专家的职称、学位、年龄、文献、科研、奖励等六个指标（参见图7—1），归纳总结为四个主要方面。

1. 文献

文献，是记录专家本人科学研究与实验、生产或科研工作成果的知识载体。同行评议专家的学术水平通过其学术成果表现出来，论文和专著往往是表现其学术成果的重要形式。文献指标是一个能反映出同行评议专家的学术水平的客观指标。在判断某同行评议专家的文献价值时，要借助于科学计量方法来反映评议专家的文献水平，以减少对文献价值判断的失误，即可借助科学计量指标对同行评议专家进行分析和评估。对专家文献水平进行评价，判断评议专家的研究专长、能力与分布情况。

对评议专家文献水平的评价，可以通过综合考察其近年来在国际权威杂志和国内核心科技期刊上发表的论文数、被引证次数和自引率等指标来进行。

2. 科研课题

科研课题能反映出研究者的研究能力与学术水平，而研究者承担科研课题的多寡，能决定其水平和能力是否形成良性循环。这是在新的研究领域内得以不断创新、发展的重要条件。此外，科研课题或项目有难易之分，由科研课题所取得的成果也有高低之别。

3．奖励

获奖是对科研工作者科研水平和能力的社会承认和评价。国家规定的评审原则是将科研人员的科研成绩进行划分。科研能力创新性水平和学术造诣对从事评议工作的评议专家来说是非常必要的，因为没有这种较高的科研能力和水平，同行评议专家要想准确判断申请项目的水平高低，无疑是十分困难的。

4．学位、职称

学位是国家或高等院校授予的表明接受专业知识教育水平的标志，反映同行评议专家受教育的层次。学衔（通常称为职称），即高等院校或研究机构根据教师或研究人员所承担的教学或科研工作及其专业水平所授予的称号。职称反映同行评议专家的学术水平。

（二）同行评议专家基本指标体系

1．科研项目

由于科学研究是多层次全方位进行的，其水平和难易程度的区分比较困难。不同级别的科研项目一般来说可以反映科研项目的难易程度。根据科研项目的水平及难易程度，可以将其确定为国家级、部委（省）级两个级别。

2．文献计量指标

（1）同行评议专家发表的论文数。

即同行评议专家在国内、国外被统计的刊物上发表的论文总数，可从一个侧面反映专家的学术情况。

（2）同行评议专家论文的被引证量。

即专家发表的论文被其他人引用的次数。它是对作者论文发表后社会所做反应的间接测量，间接反映了专家发表论文的重要性。通过查找专家发表论文的被引频次，来表示该专家所发表论文的被引量。

（3）评议专家的自引分析。

作者在完成论文后，在后面标注的参考文献中往往有对自己以前论文的自引现象。自引表示作者借鉴于自己以往的学术观点或成果。这往往标志着该作者在该学术领域活动密度较大。这是杰出科学家的一种撰写学术论文的重要习惯。自引率高能说明这些科学家学术研究的衔接与延续，他们连续地积累科研成果，也表明他们的科研方向稳定。

$$评议专家论文自引率 = \frac{前六年该专家论文的自引次数}{前六年该专家论文的总引用数}$$

3. 科研奖励

科研奖励分为国家级和省（部）级。由于同行评议专家具有较高的学术水平，应着重考虑其国家级的获奖情况。国家级的奖励是指国家自然科学奖、国家发明奖、国家科技进步奖。这种不同级别的科研奖励，不仅反映科研人员的科研成绩，也反映科研人员的学术水平及科研能力的大小，以及在某一专门领域从事科研的创新性水平和学术造诣。

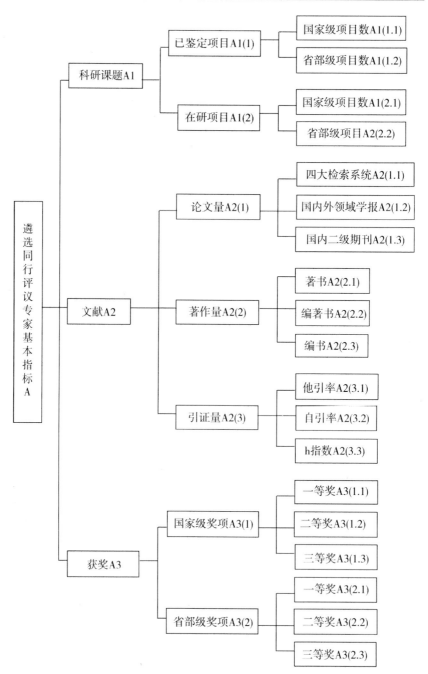

图7—1　同行评议专家基本指标体系

二　同行评议专家个人素质指标

为提高评议结果的可靠性和有效性，在选择评议专家时，评议工作本身对专家个人素质提出了很高的要求。评议专家具备必要的个人素质，对提高评议工作质量至关重要。个人素质包括多方面的内容，这里只从品德素质、知识素质、智能素质、认知素质、意志品质等方面论述与同行评议工作相关、对其有潜在和显在影响的个人素质指标，以作为专家应具备的行为准则和道德规范。

（一）同行评议专家个人素质指标体系

根据同行评议工作具体特殊的要求，同行评议专家除了具有作为科学共同体成员的基本个人素质外，还应具备一系列独特的素质，主要表现为良好的品德素质、广博精深的知识素养、出众的智能素质以及优秀的认知素质和意志品质，素质指标体系参见图7—2。

专家的个人素质是同行评议专家遴选指标的重要组成部分，它描述了同行评议专家基本情况指标无法反映的从事具有微妙与复杂性的评议工作所必需的一些特征。例如，在选择评议专家时，不仅要考虑其学术造诣和当前的研究专长，还要考察其是否热心于科学基金事业、办事是否公正等其他因素。一个专家，尽管其学术造诣很深，在科学共同体中具有一定权威性，但如果缺乏责任感及公正性，在评议工作中不认真，摆脱不了个人的某些"偏爱"，对自己小团体的偏袒，以及其他人际关系等的干扰影响，他难以成为同行评议专家群体中一名合格的成员。为了发现申请中的创新之处并予以正确评价，评议专家必须具备敏锐的科研洞察力，准确掌握本学术领域国内外最新发展动向；为了避免人们对于语言含义理解所产生的一些偏差，要求评议专家具备很强的表达能力，使评议意见能充分、准确、中肯地表达自己的观点；为了保证评议的效率，评议专家必须具备果断的作风等等。可见，个人素质指标的重要作用渗透在评议工作的各个环节，不可忽视。尤其是在科研经费有限，高水平的申请项目不断增加的情况下，为了对申请者负责，对社会负责，为了将由人来充当量度基础研究科学水平的"测量仪器"所带来的主观因素对评议效果造成的不良影响降至最低程度，必须考虑专家的个人素质问题，选出合适的评议专家。

（二）各项修养之间的关系

1. 心理素质（包括认知与意志）与品德修养

心理素质是人们内心世界在反映客观现实过程中所具有的素质。心理素质对评议专家的明显影响，主要体现在心理活动的选择性上，以及对事物不同的态度体验和行为的方向上。心理素质与思想品德的关系极为密切，任何道德行为，任何思想活动都包含着认知、情感、意志的心理因素。专家的评议活动是在心理活动调节和思想品德的约束下完成的。要将客观的、外在的道德要求转换为行动准则，必须先将其内化为认知信息、道德情操以及行动动机。良好的心理素质有助于这一过程顺利完成。同行评议专家具有对工作的责任感、义务感，就能自觉地克服困难，果断地按客观规律办事。

2. 心理素质与智能修养

同行评议工作要求评议专家具备的各智能要素中，核心是思维力和创造力，这两种智能要素对评议工作的质量产生直接影响。思维力和创造力发挥程度如何，取决于其

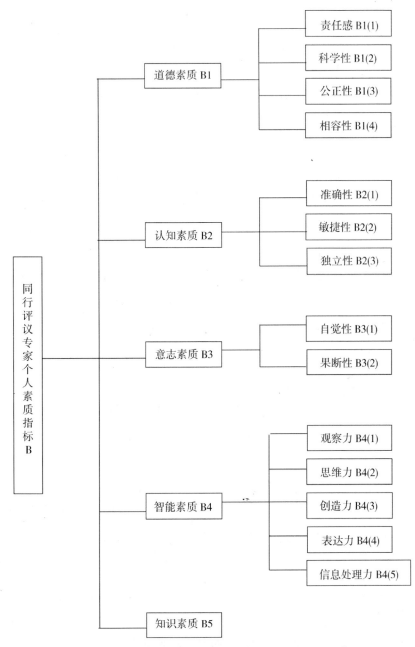

图 7—2　同行评议专家个人素质指标体系①

_____

① 吴述尧：《同行评议方法论》，科学出版社 1996 年版，第 100—105 页。

心理素质，特别是认知素质。缺乏良好的认知素质，就无法产生对事物的敏锐观察力，就不能积极、明确、有选择地占有资料，从而失去进行智能活动的前提。同时，专家的智能活动，只有在良好的心理素质保证下，才可能走向成功。良好的心理素质还能促使专家的智能活动高效率地进行。

3. 认知与意志

意志的产生是以认知为前提的。意志行动所趋向的目的，是在认知的不断加深过程中形成的。对实现目的的方法、途径的选择，也是在对主客观条件、事物的内部联系以及事物发展规律有了充分认识的基础上确定的。意志行动的过程是依赖认知活动的参与而实现的。正确的认知能推动、指导意志行动，错误的认知会阻碍意志行动。反之，意志又会推动认知活动去克服困难，如此即可持久、深入地进行。

由于各项个人素质指标都不是孤立的，而是彼此制约、相互影响的，所以为提高同行评议的有效性，在选择评议专家时必须综合考虑专家的各项个人素质指标。

三　同行评议专家评议工作业绩指标

同行评议专家评议工作业绩测评单项指标，主要包括经验指标、偏差指标、命中指标及有效性指标。[①]

（一）经验指标

评议专家评议工作经验的多寡，对评议结果将产生较大影响。某领域内评议经验较多的专家能够较为清晰地了解该领域的发展前沿，能较好地发现项目的创新性。在遴

---

① 王志强：《关于完善同行评议制度的若干问题和思考——同行评议调研综述》，《中国科学基金》2002 年第 5 期。

选专家的实践过程中，学科主任经常优先考虑评审时间较长的专家。经验指标直接的测度是评议项目总量

$$S_i = \sum_{j=1}^{n} X_{ij}$$

式中：S_i 为评议专家 i 的评议项目总量；X_{ij} 为专家 i 第 j 年评议项目数，n 是评议专家参加同行评议的次数。[①]

（二）偏差指标

偏差指标是指某同行评议专家的评审结果与其他专家评审结果相比较的偏差程度，不仅反映出专家之间对被评审项目在认识上的差异性，更重要的是它还能较好地反映出同行评议专家在评审过程中表现出的水平和公正性。

收集统计 m 个评审专家历次评审结果 n，并转化为矩阵：

$$X = \begin{bmatrix} X_{11} & X_{12} & \cdots & X_{1m} \\ X_{21} & X_{22} & \cdots & X_{2m} \\ \vdots & \vdots & \cdots & \vdots \\ X_{n1} & X_{n2} & \cdots & X_{nm} \end{bmatrix}$$

式中：X_{ij}——评议专家 j 对项目 i 的评议值。

令 $X_{ij} = \left(X'_{ij} - \dfrac{1}{m} \sum_{k=1}^{m} X_{ik} \right)$

则可得偏差矩阵 X'：

$$X' = \begin{bmatrix} X'_{11} & X'_{12} & \cdots & X'_{1m} \\ X'_{21} & X'_{22} & \cdots & X'_{2m} \\ \vdots & \vdots & \cdots & \vdots \\ X'_{n1} & X'_{n2} & \cdots & X'_{nm} \end{bmatrix}$$

对于偏差矩阵中第 j 列（专家 j），求得其均值与方差

[①] 郑称德：《同行评议专家工作业绩测评及其模型研究》，《科研管理》2002 年第 3 期。

$$\overline{X'}_j = \frac{1}{n}\sum_{i=1}^{n} X'_{ij}, \quad \sigma_j^2 = \frac{1}{n}\sum (X'_{ij} - \overline{X'}_j)^2$$

其中 σ_j^2 的大小表示了专家 j 评审结果的分散程度，其大小反映出专家评审水平的高低与公正性的好坏，因此，称为偏差指标，用 C_j 表示。采用偏差 X'_{ij} 来计算而不是直接利用 X_{ij} 是为了消除专家评审项目的不同标准带来的影响。C_j 值越大，该专家评审水平和公正性越低。为了能够确定该专家具体对哪个项目评议有偏差，令 $D_{ij} = (X'_{ij} - X'_j)^2$，从而可得距离矩阵：

$$D = \begin{bmatrix} D_{11} & D_{12} & \cdots & D_{1m} \\ D_{21} & D_{22} & \cdots & D_{2m} \\ \vdots & \vdots & \cdots & \vdots \\ D_{n1} & D_{n2} & \cdots & D_{nm} \end{bmatrix}$$

矩阵 D 中，某元素值越大，说明其对应的项目评审结果越有疑问，应对该项目进行认真分析。

（三）命中指标

命中指标是指在同行评议中，某评审专家进行评议结果与最终评议结果的一致性程度。如果评议专家秉承科学评价的宗旨，学术水平高，能够准确判断评议项目的价值，又能认真负责、公正合理，那么所评项目命中率就会较高。因此，命中指标高低可以反映同行评议专家的水平和能力。

设 S'_j 为专家 j 评议结果与最终评议结果相同的项目数，S_j 为所评项目总数，则命中指标 P_j 由下式定义：

$$P_j = (S'_j / S_j) \times 100\%$$

（四）有效性指标

有效性是指实践证明取得成功的同行评审数量与总评

审数量的比率。在资助资金有限的情况下，希望获准资助的项目能有较好的研究成果，取得成功的项目越多，越能反映同行评议专家评审的有效性，也反映遴选专家评审水平的高低。因此，应该将有效性指标作为衡量同行评议专家工作业绩的重要基准。

令 ES_j' 为评议专家 j 认为可以获得资助且经实践检验证明是成功的项目个数，ES_j 为其认为可资助的项目总数，则其有效性又为：

$$E_j = （ES_j' / ES_j）×100\%$$

第四节　基于因子分析的同行评议专家遴选指标的综合评价方法

一　因子分析方法和综合评价模型

因子分析方法可将具有错综复杂关系的变量综合为数量较少的几个因子，以再现原始变量与因子之间的相互关系，同时根据不同因子还可以对变量进行分类，是多元分析中处理降维的一种统计方法。通过运用因子分析法，可以将原来数量众多的同行评议专家遴选指标转化为少数几个因子，这些因子通常是以一个或几个指标为主，其他指标为辅，这样既减少了计量指标的个数，又可以更综合地反映各个遴选专家德才兼备的总体情况。

因子分析是将多个指标化为少数指标且能保持最大原始数据的相关性的一种方法。在主成分分析中较为重要的方差贡献 $\beta_i(i = 1，2，\cdots，k)$，表示第 i 个公因子在消除 $i-1$ 个公因子影响后，使方差贡献取到的最大值。用它主要衡量第 i 个公因子的重要程度。因此可以用 β_i 为权重，建立相应的评价模型：$F = \beta_1 F_1 + \beta_2 F_2 + \cdots + \beta_k F_k$，其中 F_1，F_2，$\cdots$，F_k 为相应的用来综合描述原始指标的 k 个公因子，计算综合得分并排序。[①]

二 分析步骤

设有 n 个样本，每个样本有 m 个数据，记为

$$X = \begin{pmatrix} x_{11} & \cdots & x_{1m} \\ \vdots & \ddots & \vdots \\ x_{n1} & \cdots & x_{nm} \end{pmatrix} = (x_1, x_2, \cdots, x_m)$$

（1）对 X 的列进行标准化变换

$x_{ij}^* = (x_{ij} - \bar{x}_j)/\sigma_j \quad i = 1, 2, \cdots, n; j = 1, 2, \cdots, m$

其中

$$\bar{x}_j = \frac{1}{n}\sum_{i=1}^{n} x_{ij}, \quad \sigma_j^2 = \frac{1}{n}(x_{ij} - \bar{x}_j)^2$$

得标准化矩阵 x^*，仍记为

$$X = \begin{pmatrix} x_{11} & \cdots & x_{1m} \\ \vdots & \ddots & \vdots \\ x_{n1} & \cdots & x_{nm} \end{pmatrix}$$

（2）用计算机计算指标变量的相关系数矩阵

$$R = \begin{pmatrix} r_{11} & \cdots & r_{1m} \\ \vdots & \ddots & \vdots \\ r_{n1} & \cdots & r_{nm} \end{pmatrix} = \frac{1}{n}X'X$$

其中

$$r_{ij} = \frac{1}{n}\sum_{i=1}^{n} X_{ij}X_{ik} = \frac{1}{n}x'_j x_k, \quad j, k = 1, 2, \cdots, m$$

---

① 贺颖、陈士俊：《TEDA 经济发展综合分析与评价》，《科技进步与对策》2007 年第 10 期。

（3）用相关系数矩阵进行主成分分析，计算 R 的特征值 λ_i 和特征向量 α_i，$i = 1, 2, \cdots, n$。

（4）确定主成分个数 k，称 $\lambda_k / (\sum\limits_{i=1}^{k} \lambda_i)$ 为第 k 个主成分的信息贡献率，记为 β_k，称 $(\sum\limits_{i=1}^{k} \lambda_i) / (\sum\limits_{i=1}^{k} \lambda_j)$ 为前 k 个主成分的累计信息贡献率。我们选取主成分的原则是：当前 k 个主成分的累计贡献率超过 85% 时，取前 k 个主成分代替原来的 m 个指标。

（5）求因子载荷 $a_i = \sqrt{\lambda_i} \alpha_i$，计算因子载荷矩阵，再计算各因子得分 $F_i = \alpha_i x$，$i = 1, 2, \cdots, k$。

（6）按因子得分 F_i 及贡献率的大小，计算综合得分 $F = \beta_1 F_1 + \beta_2 F_2 + \cdots + \beta_k F_k$，再根据综合得分进行排序。

可采用 SPSS 等统计软件对同行评议专家各项遴选指标数据进行标准化，然后自动抽取主成分，做方差最大旋转，进行主成分分析计算，可以得到因子载荷矩阵和因子得分矩阵，由因子得分矩阵得到因子分析模型。软件自动将原始数据带入因子分析模型，得到同行评议专家各因子分析得分值。此外，利用 SPSS 等其他软件，还可以求得相关矩阵的特征值、特征值贡献率（方差贡献率）、累计方差贡献率。[①] 我们可以将得到的特征值贡献率作为综合评价模型中各个因子的权值，从而建立同行评议专家遴选综合评价模型，最后将因子分析得分值带入综合评价模型中，得出最终的综合得分，并按大小进行名次排列，即可得到同一研究领域适合评审的"小"同行评议专家排名名单。

---

① 贺颖：《2001—2004 年中国管理类期刊学术影响力综合评价》，《中国软科学》2007 年第 1 期。

第五节 基于科学计量学的同行评议
专家遴选系统模型

在同行评议工作中，为保证对每一评议项目的学术水平和重要性做出正确、科学的评价，必须解决科学合理地选择评议专家这个关键问题。

评审专家要对项目的科学价值、学术水平、创新性及研究条件等提出明确、具体的分析意见，做出实事求是的评议。同行评议要真正发挥作用需要有几个支持条件：第一，专家资源要保证一定的数量；第二，不谋求个人利益的决策群体；第三，较为精准的同行评议范围；第四，真正的科学价值标准。因此，可以看出同行专家在评审中的重要作用，若想取得好的评审效果，选拔出高质量的项目，就要建构能满足评审需要的同行评议专家队伍，所以同行评议专家遴选系统的构建、完善与管理在同行评议中占有至关重要的地位。

一 同行评议专家遴选系统建设的原则

同行评议方法的效果好坏，主要依赖于同行评议专家的遴选和评价标准的制定，而其中同行专家的识别和专家系统的构建又是科学合理进行同行评议专家遴选的两个重要环节。在评价的目标、对象和标准已经确定的前提下，建立学科门类齐全、结构科学合理、操作性强的同行评议专家遴选系统直接关系到评议结果的优劣。专家的选择来自科学合理的遴选数据库，而数据库本身作为评审项目的支撑系统，应表现出系统的开放性、科学性、动态性与应用性。因此，同行评议专家遴选系统的构建要坚持完整性、科学性和实用性的原则。[①]

（一）完整性

专家遴选信息完整性是专家系统构建的基石，专家队伍的完整性是进行同行评议最基本的原则，只有完整性才能体现专家队伍建设的科学性与实用性。专家信息的完整性表现在两个方面：一方面，学科的分布与人数应该满足评审工作的需要；另一方面，专家的个人信息，如职称、研究方向、工作单位等信息要完备。只有在完整的基础上才能谈系统的科学与实用。

（二）科学性

为了降低没有必要的信息收集，必须在保持完整性的前提下，科学地构建专家数据系统。数据库本身就是一个庞大的系统，要在结构设计、系统管理和功能调用等环节上下功夫，科学地设置信息模块及其之间的关联，使其具有可操作性。

（三）实用性

专家遴选系统的实用性，即可操作性，也是非常重要的，假如没有实用性，就没有专家遴选系统的存在意义。这就要求专家遴选系统在使用时能便捷地获取作者需要的信息，并且保证信息的可靠与合理。

（四）动态性

专家系统的信息保证及时更新，这有助于专家的选择以目标为导向，有条不紊地展开工作，同时动态性也是实施同行评议方法的必备条件。建设好的专家遴选系统应该

---

① 王晓萍：《专家库建设在同行评议中的作用》，《云南科技管理》2004 年第2 期。

是开放性的，不能固定不变，它需要不断地维护与更新。专家的个人信息、研究方向等信息时时发生变化，要在短时间内更新，才能正确掌握专家的近期研究动态；同时，数量上要可增可减，根据学科发展的要求，要适当增加专家储备队伍，但因自然规律以及对专家资格的考核，也会适当淘汰一些专家，保证专家遴选系统始终处于一个流动的开放状态。

二　同行评议专家遴选系统模型构想及其释义

（一）系统模型构想

系统模型见图7—3。

（二）系统模型构想释义

根据前面所阐述的准确测定同行评议专家研究领域和方向的方法，我们可以构建一个基于科学计量视角的同行评议专家遴选的系统模型。首先，根据完整性原则，把收录在SCI（科学引文索引）、SSCI（社会科学引文索引）、CSSCI（中国社会科学引文索引）、CSTPCD（中国科技论文引文索引）等主要引文索引数据库中的引用和被引用数据导入原始引文数据库中，并按学科主题门类存储。然后将原始引文数据库中的数据，按期刊所属的大学科门类进行著者同被引分析和主题分析，再对得到的数据进行数据挖掘和知识发现，并使用可视化科学图谱技术，呈现数据三维立体空间结构。这样便可以得到每个学科领域的范式和学派分支的结构图，同时能够得到每个学科领域与其他学科领域交互的三维网状结构图。记录下每个学科领域的专家所属学派及所持范式的信息，形成不同学科领域同行评议专家学派和范式数据库。同时，还可以形成以问题为

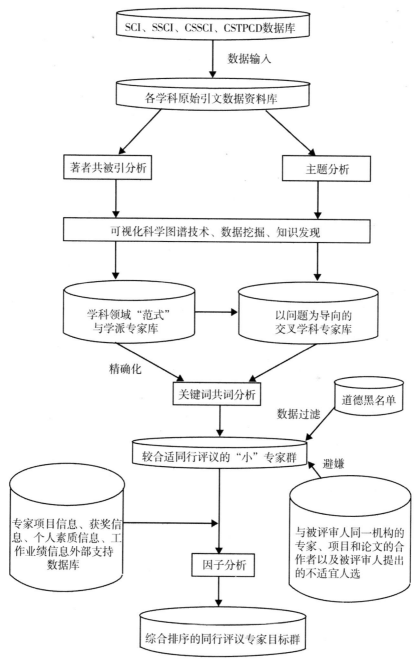

图7—3　基于科学计量学的同行评议专家遴选系统模型

驱动的交叉学科领域专家数据库。我们可以通过关键词的共词分析方法，进一步确定同学科同学派、范式的科学家所研究科学问题的差异性，使得学科领域"范式"与学派专家库的研究方向信息更加精准，更加准确，真正达到遴选出"小"同行的评审专家的目的。经过共词分析后，形成的适合同行评议的"小"专家群，要经过进一步筛选，删除在同行评议中曾经出现道德问题的专家，同时还要删除与科学评议对象有关的人员，如同一单位的同事，曾经合作过项目或论文的专家，以及评议对象所提出来的不适宜参评的专家，这样可以保证同行评议的公正、公平、公开，使得同行评议的结构更加真实、可信，具有说服力。筛选过后的"小"同行评议专家群要与外界的支持数据库相连，以便获得"小"同行专家的各种信息，如专家项目信息、专家获奖信息、个人素质信息和以前参加同行评议工作的绩效信息。对所得到的各种"小"同行专家信息进行因子分析，客观地赋予权重，综合评判，最后得到排好序的同行评议专家目标群。①

同行评议专家遴选系统要与 SCI、SSCI、CSSCI、CST-PCD 等主要引文索引数据库对接，由于这些重要的引文数据库提供完整的论文发表和引用数据，并且进行动态的实时更新，所以，同行评议专家遴选系统也会表现出完整性和动态性。同行评议专家遴选系统可以挑选出较为准确的测定"小"同行的范围，并能够筛选出以问题为导向的交叉学科领域评审专家，这也体现了遴选系统的实用性。整个遴选系统是基于著者同被引、主题分析、共词分析、科

---

① 贺颖：《基于科学计量的同行评议专家遴选系统模型构建研究》，《图书情报工作》2011 年第 14 期。

学图谱、知识发现、数据挖掘等先进的理论、方法和技术手段，同时也体现了专家遴选系统的科学性。综上所述，基于科学计量学的同行评议专家遴选系统完全符合一般性同行评议专家遴选系统的构建原则，即完整性、科学性、实用性、动态性。[①]

第六节　本章小结

构建同行评议专家遴选系统，首先必须确立同行评议专家遴选标准，即道德标准和专业学术标准，并且从专家基本指标、个人素质指标、工作业绩指标三个方面建立同行评议专家的评价指标体系。希望建立同行评议专家自动遴选系统，所以使用因子分析的方法来综合评价同行评议专家群，可以自动给出适合专家的排名顺序以备遴选。并根据同行评议专家遴选系统建设的基本原则，构建了同行评议专家遴选系统的模型，然后又进行了模型释义。

---

① 贺颖：《基于科学计量的同行评议专家遴选系统模型构建研究》，《图书情报工作》2011 年第 14 期。

第八章

结论与展望

第一节　结论

　　现代科学必须进行评价、选择，这种评价和选择包括整个国家对于科技未来发展宏观的选择，也包括对具体项目的微观选择，无论如何，科学的评价与选择都是一个非常大的课题，是科技管理工作的重要组成部分，是推动国家科技事业持续健康发展，促进科技资源优化配置，提高科技管理水平的重要手段和保障。

　　目前，国内外科学评价方法主要采用同行评议，它关系到科学、客观、公正地遴选优秀、创新的科研人才和科研项目。高质量的同行评议应该准确反映被评审项目的内在质量。由于评议专家是判别创新性的主体，专家自身的学术水平、科学素养、对科学前沿的把握、对科学问题的洞察力等都对判识创新性起到关键作用。因此，同行评议专家的来源和选择直接关系到同行评议的质量。

　　将科学共同体内部的科学评价——同行评议与科学共同体外部的科学评价——科学计量相结合，使科学计量成为获得高质量同行评议的主要辅助手段。通过前面几个章节的论述与分析，逐一对绪论中所提出来的同行评议专家遴选的五个基本问题做出了解答。

第一，利用可视化著者同被引（ACA）技术选择相同学术"范式"的同行评议专家。

首先，选择某一学科领域内比较重要的、具有代表性的期刊群，通过对期刊群中的论文后所附的参考文献进行共被引分析，确定学科领域内高被引著者群。然后，制作高频被引著者互引矩阵和著者相关矩阵。再者，利用相关矩阵进行多维尺度分析，根据在多维尺度图中处于中心位置的著者在学科里所处的核心位置，系统可以分析这些著者各自所持的学术范式和所处学派分支，它们的学术观点非常明晰，是各自学派的学术代表性人物。最后，通过高频被引著者互引矩阵制作出点与线交织的学派网络图，观察其他非核心著者与那些核心著者之间的关联以及关联强度，来判定其他非核心著者的学术派别和所持学术范式。如果要真正实现无人为干扰的同行评议专家的遴选，即专家系统的自动化和智能化，科学计量学的方法则提供了理论上的支持。

采用科学计量学方法，待选定的同行评议专家的学术水平、研究方向、学术派系、学术思想以及所持学术范式都能通过数字量化的形式和图形表示的方法进行比较准确的测定，便于科研管理者掌握学科领域的宏观情况，从而为相同学术范式的同行评议专家的选择提供了科学合理的凭据。

第二，使用共词分析来判断科学语境的差异从而选择真正的同行专家。

将同行评议专家系统与国内外一些大型的科学引文数

据库相连接，根据科学引文数据库中某学科核心期刊引文中的主题词或内容词的使用情况，对高频被引的主题词做共词分析，得到共词矩阵，根据共词矩阵的数据做出某学科主题词之间的三维关联网络图，即为此学科的研究主题网络图。图中主题词与主题词之间的长度与夹角就是主题词之间的语义的相似度。可以根据被评审项目所提供的主题词，在三维网络图中自动找到相应主题或词语，及其与评审项目主题语义最近似的其他主题或词语。系统按照确定的所有相应主题或词语自动寻找其论文著者群，再将找寻到的论文著者群与同行评议专家信息系统相连，确定符合相应职称、学术水平的评审专家。为实现同行评议专家遴选系统智能选择提供了科学合理的依据。

高质量的同行评议依赖于同行评审专家的正确选择，只有"小"同行才是真正的同行，才有资格进行相应的科学评价活动。而"小"同行的选择必须建立在具有相同的科学语境的基础上，因此，可以将科学语言、主题概念等词汇的使用作为判断是否真正同行的标准。同时，还可以根据科学论文所使用的科学主题、概念、语词等反映相关学科领域研究内容的词语，构建某一个学科的主要研究领域主题三维网络图，为观察和分析学科结构的发展变化趋势提供科学合理的凭据。

第三，使用科学知识图谱选择交叉学科领域的同行评议专家。

具有浓烈原创思想的科学评价项目，一般都是产生于交叉学科领域中的，融合了多学科的思想精华。因此，交叉学科的产生、发展及其学科结构就成为科研管理者关注和研究的重点。交叉学科是由多学科相互作用、融合而成的具有很强创新特点的学科。通过真实、可靠的数据和绘制的科学知识图谱来描绘交叉学科的学科结构，以及交叉学科中相关学科的学术关联，从而为科学评价管理者准确判定所要进行科学评价的交叉学科项目提供了同行评议专家应具有的相关学科背景知识。汇集引用交叉学科的期刊论文，下载论文关键词、附加关键词等数据信息，经过数据筛选、分析、绘图等科学计量学的方法可以把不同学科围绕交叉学科的研究热点问题弄清楚。并且可以从交叉学科研究热点问题中，判断被科学评价项目的新颖性、创新性，还可以找到某个研究主题所涉及的不同学科领域，从这些研究领域中可以找寻到非常适合的、与研究主题相关的同行评议专家。同时也可以为科研管理者把握交叉学科发展方向、规律提供可靠的数据支持和交叉学科热点研究的主题信息。

第四，使用 h 指数选择科学贡献程度比较大的同行评议专家。

通过 SCI、EI、SSCI、CSSCI 等大型引文索引数据库可以收集到同行评议专家发表的所有文章及这些文章的被引次数。将论文按其被引数降序排序，然后由排序最高的论文为起始点向下逐条计数，直到某篇论文的序号与该论文的引文数大致相同为止，则该篇论文的序数就是 h 指数的数值。当人们把科学成就作为重要的评价标准对同行评议专家进行评判时，以对一个同行评议专家累积科研成果的重要性、意义和影响力进行评估的简单易算的"h 指数"，应该是一种有用的标尺，而且是一个公正的方式。用 h 指数评价同行评议专家的科学贡献绩效可以遏制片面追求论文数量的不良倾向，同时能够激发包括同行评议专家在内的科研人员探索深层次科学问题的热情。这就是 h 指数与其他单项文献计量学指标相比所独具的优越之处。另外，h 指数能够测度同行评议专家的持久科学贡献绩效，而不仅仅是测量其科学成就的峰值；能够准确地评价科学共同体中真正具有突出贡献的科学家，能够将那些做出持久而重大贡献却未获得与其工作声望相称的同行学者、同行科学研究工作者凸显出来。

第五，同行评议专家自动遴选系统的构建。

首先需要明确专家遴选标准，即德才兼备的原则：一是道德水准，二是学术水平。遴选系统要以确定真正的同行评议专家为核心目标，使用科学计量的方法准确测定同行评议专家真正的研究领域和研究水平。建立同行评议专家的评价指标体系，使用因子分析的方法对同行评议专家遴选指标进行综合评价。同行评议专家遴选系统要与 SCI、SSCI、CSSCI、CSTPCD 等主要引文索引数据库对接，由于这些重要的引文数据库提供完整的论文发表和引用数据，并且进行动态的实时更新，所以，同行评议专家遴选系统也会表现出完整性和动态性。同行评议专家遴选系统可以挑选出较为准确地测定"小"同行的范围，并能够筛选出以问题导向的交叉学科领域评审专家，这也体现了遴选系统的实用性。整个遴选系统是基于著者同被引、主题分析、共词分析、科学图谱、知识发现、数据挖掘等先进的理论、方法和技术手段，同时也体现了专家遴选系统的科学性。总之，基于科学计量学的同行评议专家遴选系统完全符合一般性同行评议专家遴选系统的构建原则，即完整性、科学性、实用性、动态性。

第二节　展望

同行评议作为主要的、目前暂时无可替代的科学评价方法，受到了国内外科研评价机构、科研管理机构和政府部门的高度关注。科学地选择创新性项目是同行评议一直秉持的目标，公开、公正、公平是同行评议的基本要求。通过大量科学评价活动的实践与经验累积、先进科学方法的引入与使用，以及现代科学技术水平的发展与提高，我们可以对同行评议专家遴选系统在今后的发展做出一些展望。

第一，可以通过现代计算机技术、网络技术与科学计量学理论的结合，研发出类似 AuthorLink 的大型可视化著者同被引系统，与国际上通用的大型引文索引数据库系统连接，实时动态更新，可以反映著者群变化的情况，并且可以投入到科学评价活动的实际使用中去。

第二，利用不同科学研究领域所使用的科学词汇和科学语境的不同，使用现代计算机和网络技术，实现学科本体知识领域网的建立，并可以绘制出学科结构的动态和静态图形。另外，还可以建立学科与学科之间亲缘关系的立体图形，描述交叉学科发生和发展的过程图景，最终达到对科学发展描述和掌握的目的。

第三，同行评议专家遴选系统的指标体系，会随着科学评价活动的不断深入研究而细化，变得更加具体、可行、易于操作。对指标体系的综合评价也可以使用如人为赋予权重等其他综合计算方式。

人们对"同行评议"的客观性、公正性、可靠性等方面存在质疑，同行评议需要科学计量学的研究和应用成果帮助其不断克服自身固有的不足。但目前同行评议在科研评估中仍起着无与伦比的作用，还没有更好的办法可以取代它。科学评价是一个非常复杂的过程和体系，由于科学计量仅仅注重科学研究的结果而忽略科学研究过程，因而其分析结果带有片面化；另外，科学计量还会受到文献数据的收集、计量指标的理解与使用等因素的影响。所以，科学计量仅仅适合作为科学评价内部执行方式——同行评议的辅助性工具，而不能替代同行评议。

附　录

《交叉学科同行评议专家信息的 ISI 格式转为 Excel 格式导入程序》

```
//---------------------------------

#include <vcl. h>
#pragma hdrstop

//---------------------------------
#include " fstream. h"
#include <strstream>
#pragma argsused
struct paper
{
  AnsiString AU;
  AnsiString DE;
  AnsiString ID;
  AnsiString SC;
  paper ( )
   {
     AU = " * * * ";
```

```
        DE = "  * * * ";
        ID = "  * * * ";
        SC = "  * * * ";
      }
};
DynamicArray<paper>              paperList;

int main ( int argc, char * argv [ ] )
{
    char buffer [ 240 ];
    ifstream fin;
    fin. open ( " WR 被引 . txt" );
    AnsiString temps;
    while ( fin. getline ( buffer, sizeof ( buffer) ) )
      {
        AnsiString templine ( buffer);
        if ( templine. SubString ( 1, 2) = = " AU" )
          {
                paperList. Length++;
            temps = templine. SubString ( 3, templine. Length ( )
-2) . Trim ( );
            paperList [ paperList. High] . AU = temps;
            while ( fin. getline ( buffer, sizeof ( buffer) ) )
              {  AnsiString templine ( buffer);
                if ( templine. SubString ( 1, 2) = = "   " )
                  {
```

```
      temps = templine. SubString（3, templine. Length
（）-2）. Trim（）;
          paperList［paperList. High］. AU = paperList
［paperList. High］. AU+temps;
      }
    else
     {
      break;
     }
  }
}
if（templine. SubString（1, 2）= =" DE"）
   {
  temps = templine. SubString（3, templine. Length（）-2）
. Trim（）;
  paperList［paperList. High］. DE = temps;
  while（fin. getline（buffer, sizeof（buffer））)
   {  AnsiString templine（buffer）;
    if（templine. SubString（1, 2）= ="    "）
     {
       temps = templine. SubString（3, templine. Length（）
-2）. Trim（）;
       paperList［paperList. High］. DE = paperList［paperL-
ist. High］. DE+temps;
     }
    else
     {
```

```
        break;
      }
    }
  }
if（templine. SubString（1, 2）＝＝" ID"）
  {
   temps = templine. SubString（3, templine. Length（）－2）
. Trim（）;
   paperList［paperList. High］. ID = temps;
   while（fin. getline（buffer, sizeof（buffer）））
     {   AnsiString templine（buffer）;
      if（templine. SubString（1, 2）＝＝"   "）
        {
         temps = templine. SubString（3, templine. Length（）
－2）. Trim（）;
         paperList［paperList. High］. ID = paperList［paperL-
ist. High］. ID+temps;
        }
        else
          {
           break;
          }
       }
  }
if（templine. SubString（1, 2）＝＝" SC"）
  {
```

```
    temps = templine. SubString （3, templine. Length （ ） -2）
. Trim （）;
    paperList ［paperList. High］. SC = temps;
    while （fin. getline （buffer, sizeof （buffer） ） ）
      ｛   AnsiString templine （buffer）;
      if （templine. SubString （1, 2） = = "    " ）
        ｛
          temps = templine. SubString （3, templine. Length （ ）
-2） . Trim （）;
          paperList ［paperList. High］. SC = paperList ［paperL-
ist. High］. SC+temps;
        ｝
        else
        ｛
          break;
        ｝
      ｝
    ｝
｝
fin. close （）;
ofstream fout;
    fout. open （"data. TXT" ）;
for （int i = 0; i<paperList. Length; i++）
｛
fout<<paperList ［i］. AU. c_ str （） <<";%" <<paperList
［i］. DE. c_ str （） <<";%" <<paperList ［i］. SC. c_ str
（） <<";%" <<endl;
```

```
    }
    fout. close ( ) ;
    return 0 ;
}
//-----------------------------------
```

参考文献

〔美〕理查德．P. 萨特米尔：《科研与革命》，袁南生等译，国防科技大学出版社 1989 年版。

〔美〕华勒斯坦：《学科·知识·权力》，刘健芝等译，生活·读书·新知三联书店 1999 年版。

〔美〕托马斯·库恩：《必要的张力》，纪树立译，福建人民出版社 1981 年版。

D. 克兰：《无形学院——知识在科学共同体的扩散》，华夏出版社 1988 年版。

葛倩颖：《高校教师学术水平评价体系构建及应用方法研究》，硕士学位论文，天津大学，2009 年。

贺颖：《可视化著者同被引（ACA）技术对科学结构研究的应用》，《第二届中国科技政策与管理学术研讨会会议论文集》，2006 年。

侯海燕：《基于知识图谱的科学计量学进展研究》，博士学位论文，大连理工大学，2006 年。

蒋国华等：《同行评议之路：科学计量学指标的应用》，载《科研评价与指标》，红旗出版社 2000 年版。

江天骥：《当代西方科学哲学》，中国社会科学出版社 1984 年版。

李延瑾：《科技项目立项评审的同行评议方法研究》，硕士学位论文，武汉理工大学，2001年。

刘爱玲等：《科技奖励评审过程的研究》，载《国家创新系统与学术评价》，山东教育出版社2000年版。

刘玲玲：《科学社会学》，上海人民出版社1986年版。

刘作仪：《评价政府资助的基础研究：理论基础与方法选择》，博士学位论文，武汉大学，2003年。

宋炜、张铭：《语义Web简明教程》，高等教育出版社2004年版。

吴述尧：《同行评议方法论》，科学出版社1996年版。

张荣：《新环境下同行评议的机制研究》，硕士学位论文，武汉大学，2005年。

张文彤：《SPSS11多元统计分析（高级篇）》，希望电子出版社2002年版。

赵红州：《大科学》，人民出版社1988年版。

赵晓春：《跨学科研究与科研创新能力建设》，博士学位论文，中国科学技术大学，2007年。

中国科学信息技术研究所：《2001年度中国科技论文统计与分析》，年度研究报告2002年版。

朱东华、吴旺顺：《政策分析与基础学科布局》，机械工业出版社1994年版，第36页。

《德意志研究联合会的评议过程指南》，《中国基础科学》2005年第6期。

科技部、教育部、中国科学院、中国工程院、国家自然科学基金委：《关于改进科学技术评价工作的决定》，《中国科技期刊研究》2003年第5期。

Anthony F. J. van Raan：《h指数与标准文献计量学指

标及同行评议之间的关系》，刘俊婉译，《科学观察》2006年第1期。

Henk F., Moed：《h 指数构建有创意用于评价要慎重》，刘俊婉译，《科学观察》2006 年第 1 期。

Ingweren P., Larsen B., Roursseau R., et al.：《论文—引文矩阵及其推导的定量评价指标》，《科学通报》2001年第8期。

J. E. Hirsch：《衡量科学家个人成就的一个量化指标》，刘俊婉译，《科学观察》2006 年第 1 期。

Wolfgang Glanzel：《也谈 h 指数的机会和局限性》，刘俊婉译，《科学观察》2006 年第 1 期。

曾旸：《科学基金项目同行评议体系探讨》，《技术与创新管理》2006 年第 8 期。

陈悦、刘则渊：《悄然兴起的科学知识图谱》，《科学学研究》2005 年第 2 期。

程莹：《研究型大学开展学科交叉研究的问题、模式与建议》，《科学学与科学技术管理》2003 年第 11 期。

崔克明：《对非共识项目的认识和评审建议》，《中国科学基金》2001 年第 3 期。

丁厚德、刘求实、王玉堂：《同行评议中"非共识"认识的处理》，《中国科学基金》1995 年第 1 期。

冯锋等：《关于科学研究项目同行评议的一些政策性分析》，《中国科学基金》2007 年第 1 期。

龚旭：《美国国家科学基金会的同行评议制度及其启示》，《中国科学基金》2004 年第 6 期。

龚旭：《同行评议公正性的影响因素分析》，《科学学研究》2006 年第 12 期。

龚旭：《同行评议与科学基金政策研究》，《中国科学基金》2007 年第 2 期。

龚旭：《中美同行评议公正性政策比较研究》，《科研管理》2005 年第 5 期。

郝凤霞、刘静岩、陈忠：《技术研发项目中同行专家评议产生非共识的原因分析》，《中国软科学》2004 年第 12 期。

何杰、王成红、刘克：《对同行评议专家评议工作进行评估的一些思考》，《中国科学基金》2004 年第 1 期。

何香香、王家平：《关于完善同行评议体系的一些思考》，《中国科学基金》2005 年第 2 期。

贺颖、陈士俊：《TEDA 经济发展综合分析与评价》，《科技进步与对策》2007 年第 10 期。

贺颖：《2001—2004 年中国管理类期刊学术影响力综合评价》，《中国软科学》2007 年第 1 期。

贺颖：《基于科学计量的同行评议专家遴选系统模型构建研究》，《图书情报工作》2011 年第 14 期。

贺颖：《基于科学知识图谱的交叉学科同行评议专家遴选方法研究》，《图书情报工作》2010 年第 20 期。

贺颖：《基于可视化 ACA 技术的同行评议专家学术范式辨别研究》，《图书情报工作》2010 年第 2 期。

贺颖：《同行评议专家遴选的科学计量方法与实证研究》，《图书情报工作》2012 年第 6 期。

江天骥：《库恩谈科学革命和不可通约性》，《自然科学哲学问题丛刊》1984 年第 1 期。

蒋国华、方勇、孙诚：《科学计量学与同行评议》，《中国科技论坛》1998 年第 11 期。

蒋颖：《1995—2004 年文献计量学研究的共词分析》，《情报学报》2006 年第 8 期。

李东：《科学语境与科学共同体》，《哈尔滨师专学报》2000 年第 1 期。

李伦：《试论科学学派的形成机制》，《科学学研究》1997 年第 9 期。

李侠、邢润川：《论作为意识形态的科学主义的危机与局限》，《学术界》2003 年第 2 期。

刘克等：《国家自然科学基金面上项目通讯评议结果的公平化处理》，《中国科学基金》2003 年第 4 期。

刘明：《同行评议刍议》，《科学学研究》2003 年第 12 期。

刘艳骄：《论同行评议》，《中国科技论坛》1998 年第 3 期。

罗式胜：《从文献计量学、科学计量学到科学技术计量学》，《图书馆论坛》2003 年第 3 期。

马费成等：《我国数字信息资源研究的热点领域：共词分析透视》，《情报理论与实践》2007 年第 4 期。

么大中、张淑芳、罗欢：《评价机制：同行评议制与间接指标体系的融合》，《黑龙江社会科学》2004 年第 2 期。

邱均平：《科学引文索引与科学评价》，《评价与管理》2003 年第 7 期。

邱均平：《文献信息引证规律和引文分析法》，《情报理论与实践》2001 年第 3 期。

唐素勤：《一种面向领域本体的教学策略研究方法》，《计算机工程与应用》2004 年第 2 期。

田华：《基础研究评估中的同行评议和专家评议》，

《中国基础科学》2005 年第 5 期。

王成红等：《关于同行评议专家定量评估指标研究的几个新结果》，《系统工程理论与实践》2004 年第 2 期。

王晓萍：《专家库建设在同行评议中的作用》，《云南科技管理》2004 年第 2 期。

王英林等：《基于本体的可重构知识管理平台》，《计算机集成制造系统》2003 年第 12 期。

王志强：《关于完善同行评议制度的若干问题和思考——同行评议调研综述》，《中国科学基金》2002 年第 5 期。

文学峰：《试论科学共同体的非社会性》，《自然辩证法通讯》2003 年第 3 期。

徐彩荣等：《国外同行评议的不同模式与共同趋势》，《科学学与科学技术管理》2005 年第 2 期。

续玉红等：《SCI 检索系统在科研绩效评价中的应用》，《中国科学基金》2003 年第 4 期。

杨列勋、汪寿阳、席酉民：《科学基金遴选中非共识研究项目的评估研究》，《科学学研究》2002 年第 2 期。

张保生：《论程序正义与学术评审制度的建构》，《学术界》2001 年第 6 期。

张其瑶：《没有科学评价就没有科学管理》，《评价与管理》2004 年第 12 期。

张瑾、丁颖：《领域本体构建方法研究》，《计算机时代》2007 年第 6 期。

张守著：《建立合理的专家动态管理体系》，《中国科学基金》2000 年第 6 期。

赵黎明等：《对同行评议专家的反评估分析》，《中国科学基金》1995 年第 1 期。

郑称德：《同行评议专家工作业绩测评及其模型研究》，《科研管理》2002 年第 3 期。

郑称德：《同行评议专家工作业绩测评及其指标初探》，《科技管理研究》2002 年第 4 期。

郑兴东等：《基金项目同行评议中项目非共识性的度量研究》，《解放军医院管理杂志》2004 年第 1 期。

周忠祥、刘志国：《非共识项目的设立给基础研究源头创新带来新希望》，《中国科学基金》2007 年第 1 期。

朱志文、于晟：《对同行评议质量与公正性的探讨》，《地球科学进展》1998 年第 1 期。

朱作言：《同行评议与科学自主性》，《中国科学基金》2004 年第 5 期。

Borst, W. N., *Construction of Engineering Ontologies for Knowledge Sharing and Reuse*, Phd Thesis, University of Twente, Enschede, 1997.

Callon, M., Law J., Rip A., *Mapping the Dynamics of Science and Technology*, London: Mac Millan Press Ltd., 1986.

Cole, Jonathan R., Cole, Stephen, *Peer Review in the National Science Foundation: Phase II*, National Academy Press, 1981.

D. Price, *Science Since Babylon*, Yale University Press, 1961.

E. M. Rogers, D. L. Kincaid, *Communication Networks: Toward a New Paradigm for Research*, New York: Free Press, 1981.

Green, P. E., Carmone, F. J., Smith, S. M., *Multidi-*

mensional Scaling: *Concepts and Applications*, Boston: Allyn and Bacon, 1989.

Michael Polanyi, *The Logic of Ligerty*: *the Reflections and Rejoinders*, Routledge and kegan Paul Ltd., 1951.

Johnson, A. G., *Statistics*. Orlando, FL: Harcourt Brace Jovanovich, 1988.

OEDC, *Proposaled Standard Practice for Surveys of Research and Experimental Development* (Frascati Manual), Paris, 1994.

S. Wasserman, K. Faust, *Social Network Analysis*: *Methods and Application*, Cambridge, NY: Cambridge University Press, 1994.

Arthur T. Evans, "The Characteristics of Peer Reviewers Who Produce Good-Quality Reviews", *Journal of General Internal Medicine*, Vol. 8, No. 8, 1993.

A. F. J. van Raan, "Advanced Bibliometric Methods as Quantitative Core of Peer Review Based Evaluation and Foresight Exercises", *Scientometrics*, Vol. 36, No. 3, 2000.

Alan L. Porter, Frederick A. Rossini, "Peer Review of Interdisciplinary Research Proposals", *Science*, *Technology*, & *Human Values*, Vol. 10, No. 3, Summer 1985.

Armstrong, S. J., "We Need to Rethink the Editorial Role of Peer Reviewers", *The Chronicle of Higher Education*, Vol. 43, No. 9, October 25, 1996.

Armstrong, J. S., "Why Conduct Journal Peer Review: Quality Control, Fairness, or Innovation", *Science and Engineering Ethics*, 1997.

Australian Research Council, "The Peer Review Process,

Australian Government Publishing Service", *Canberra*, 1997.

Bailar, J. C., Patterson, K., "Journal Peer Review: The Need for a Research Agenda", *New England Journal of Medicine*, Vol. 312, 1985.

Ball P., "Index Aims for Fair Ranking of Scientists", *Nature*, Vol. 436, No. 7053, 2005.

Bartko, J. J., "The Intra-Class Correlation Coefficient as a Measure of Reliability", *Psychological Reports*, Vol. 19, 1966.

Bloom, F. E., "The Importance of Reviewers", *Science*, Vol. 283, 1999.

Braam, R. R., Moed, H. F., VanRaan, A. F. J., "Mapping of Science by Combining Co-Citation and Word Aanalysis, I: Structural Aspects; —II: Dynamical Aspects", *Journal of the American Society for Information Science*, 1991.

Brian M., "Research grants: Problems and options", *Australian Universities' Review*, Vol. 43, No. 2, 2000.

Callaham, M. L., Baxt, W. G., et al., "Reliability of editors' Subjective Quality Ratings of Peer Reviews of Manuscripts", *Journal of the American Medical Association*, Vol. 280, 1998.

Callaham, M. L., Wears, R. L., et al., "Positive-Outcome Bias and Other Limitations in the Outcome of Research Abstracts Submitted to a Scientific Meeting", *Journal of the American Medical Association*, Vol. 280, 1998.

Campion, E. W., Curfman, G. D., Drazen, J. M, "Tracking the Peer-Review Process", *The New England Journal of Medicine*, Vol. 343, 2000.

Chandraskar N. B., Dsphson J. R., "What are Ontologies, and Why do We Need Them?", *IEEE Intelligent Systems*, Vol. 14, No. 1, 1999.

Chaomei Chen, Les Carr, "Trailblazing the Literature of Hypertext: Author Co-Citation Analysis (1989-1998)", *Proceedings of the Tenth ACM Conference on Hypertext and Hypermedia: Returning to Our Diverse Roots: Returning to Our Diverse roots*, Darmstadt, Germany, February 21-25, 1999.

Chen, C., Chennawasin, C., Yu, Y., "Visualising Scientific Disciplines on the Web", *In Proceedings of the 16th IFIP World Computer Congress. International Conference on Software: Theory and Practice*, Beijing, China, 2000.

Cho, M. K., Justice, A. C., et al., "Masking Author Identity in Peer Review", *Journal of the American Medical Association*, Vol. 280, 1998.

Cicchetti, D. V., "Reliability of Reviews for the American Psychologist: A Biostatistical Assessment of the Data", *American Psychologist*, Vol. 35, 1980.

Cotton, P., "Flaws Documented, Reforms Debated at Congress on journal peer Review", *JAMA*, Vol. 270, 1993.

Dangzhi Zhao, "Towards all-Author Co-Citation Analysis", *Information Processing and Management: an International Journal*, Vol. 42, No. 6, December 2006.

Ding, Y., "Visualization of Intellectual Structure in Information Retrieval: Author Co-Citation Analysis", *International Forum on Information and Documentation*, Vol. 23, No. 1, 1998.

E., Shearer, J., Moravcsik, "Citation Paterns in Little

Science and Big Science", *Scientometrics*, Vol. 1, No. 5, 1979.

E. J. Rinia, "Comparative Analysis of a Set of Bibliometric Indicators and Central Peer Review Criteria Evaluation of Condensed Matter Physics in the Netherlands", *Research Policy*, Vol. 27, Issue 1, May 1998.

Eugene Garfield, "Evaluating Published Contributions", *Special Libraries*, Vol. 56, No. 2, 1965.

Fisher, M., Friedman, S. B., Strauss, B., "The effects of Blinding on Acceptance of Research Papers by Peer Review", *Journal of the American Medical Association*, Vol. 272, 1994.

Flanagin A., Rennie D., Lundberg G., "Attitudes of Peer Review Congress Attendees", *Peer Review in Scientific Publishing. Chicago, Ill: Council of Biology Editors*, 1991.

G. D. L. Travis, "New Light on Old Boys: Cognitive and Institutional Particularism in the Peer Review System", *Science, Technology & Human Values*, Vol. 16, No. 3, 1991.

Garfield E., "How ISI Selects Journals for Coverage: Quantitative and Qualitative Considerations", *Current Contents*, May 28, 1990.

Garfield E., "The Significant Scientific Literature Appears in a Small Core of Journals", *The Scientist*, Vol. 10, No. 17, 1996.

Garfield, E., "Scientography: Mapping the tracks of science", *Current Contents: Social & Behavioural Sciences*, Vol. 45, No. 7, 1994.

Garfield, "The oretical Medicine's Special Issue on the Nobel Prizes and their effecton science", *Current Comments*,

Vol. 37, 1992.

Godlee, F., Gale, C. Martyn, C. N., "Effect on the Quality of Peer Review of Blinding Reviewers and Asking Them to Sign Their Names", *Journal of the American Medical Association*, Vol. 280, 1998.

Goldbeck-Wood, S., "Evidence on Peer Review - Scientific Quality Control or Smoke Screen", *British Medical Journal*, Vol. 318, 1999.

H. Kretschmer, "Co-authorship Networks of Invisible Colleges and Institutionalized Communities", *Scientometircs*, Vol. 30, No. 1, 1994.

H. Kretschmer, "Types of Two Dimensional and Three Dimensional Collaboration Patterns", *Proceedings of the Seventh Conference of the International Society for Scientometrics and Informetrics*, Mexico Colima, 1999.

Harter S. P., Nisonger T. E., Weng A., "Semantic Relationships between Cited and Citing Articles in Library and Information Science Journals", *Journal of American Society of Information Science*, Vol. 44, 1993.

Herbert W. Marsh, "The Peer Review Process Used to Evaluate Manuscripts Submitted to Academic Journals: Interjudgmental Reliability", *Journal of Experimental Education*, Vol. 57, 1989.

Horrobin, D. F., "Peer review: A Philosophically Faulty Concept Which is Proving Disastrous for Science", *The Behavioral and Brain Sciences*, Vol. 5, 1982.

Howard, L., Wilkinson, G., "Peer Review and Editorial

Decision – Making", *British Journal of Psychiatry*, Vol. 173, 1998.

I. H. Sher, Eugene Garfield, "New Tools for Improving and Evaluating the Effectiveness of Research", *Proceedings of the Second Conference on Research Program Effectiveness*, Washington, 1966.

Ian I. Mitroff, "Peer Review at the NSF: A Dialectical Policy Analysis", *Social Studies of Science*, Vol. 9, No. 2, 1979.

Jefferson, T., Godlee, F., *Peer Review in Health Care*, London, UK: British Journal Publishing Group, 1999.

Joseph P. Costantino, Mitchell H. Gail, "Validation Studies for Models Projecting the Risk of Invasive and Total Breast Cancer Incidence", *Journal of the National Cancer Institute*, Vol. 91, No. 18, September 15, 1999.

Judson H. F., "Structural Transformation of the Sciences and the End of Peer Review", *JAMA*, Vol. 272, 1994.

Justice, A. C., Cho, M. K., et al., "Does Masking Author Identity Improve Peer Review Quality? A Randomized Controlled Trail", *Journal of the American Medical Association*, Vol. 280, 1998.

Keith Pond, "Peer Review: a Precursor to Peer Assessment", *Innovations in Education and Teaching International*, Issue 4, November 1995.

Kevin W. Boyack, Brian N. Wylie, George S. Davidson, "Domain Visualization Using VxInsight for Science and Technology Management", *Journal of the American Society for Information Science and Technology*, Vol. 53, No. 9, August 2002.

Kostoff, R. N., "Peer Review: The Appropriate GPRA MetricforResearch", *Science*, Vol. 277, August 1997.

Laband, D. N., Piette, M. J., "A Citation Analysis of the Impact of Blinded Peer Review", *Journal of the American*, Vol. 272, 1994.

Lesley Southgate, "The General Medical Council's Performance Procedures: Peer Review of Performance in the Workplace", *Medical Education*, Vol. 35 Issue s1, December 2001.

Martin, B., R., I. Irvine, "Assessing Basic Research: Some Partial Indicators of Scientific Progress in Radio Astronomy", *Research Policy*, Vol. 12, 1983.

Michael M., Philip M. S., "The R&D Portfolio: a Concept for Allocating Science and Technology Funds", *Science*, Vol. 274, No. 5292, 1996.

Mohammadreza Hojat, "Impartial Judgment by the Gatekeepers of Science: Fallibility and Accountability in the Peer Review Process", *Advances in Health Sciences Education*, Vol. 8, Issue 1, 2003.

Narin, F., "Evaluative Bibliometrics: The Use of Publicalion and Citation Analysis in the Evaluation of Scientific Activity, Washington D. C.", *National Science Foundation*, 1976.

National Academy of Sciences (NAS), "Evaluating Federal Research Programs: Research on the Government Performance and Results Act", *Committee on Science, Engineering, and Public Policy*, Washington D. C.: National Academy Press, 1999.

New M., "The Structure of Scientific Collaboration Networks", *Proceedings of the National Academy of Sciences of the USA*, 2001.

Ormala, E., "Nordic Experiences of the Evaluation of Technical Research and Development", *Policy*, Vol. 18, 1989.

Qin He, "Knowledge discovery Through Co – word Analysis", *Library Trends*, No. 1, 1999.

R. W. Morrow, A. D. Gooding, C. Clark, "Improving Physicians' Preventive Health Care Behavior through Peer Review and Financial Incentives", *Archives of Family Medicine*, Vol. 4, No. 2, February 1995.

Rennie D., "More Peering into Peer Review", *JAMA*, Vol. 270, 1993.

Rennie D., "Guarding the Guardians: a Conference on Editorial peer Review", *JAMA*, Vol. 256, 1986.

Rennie D., "Editorial Peer Review in Biomedical Publication: the first international congress", *JAMA*, Vol. 263, 1990.

Rustum Roy, "Funding Science: The Real Defects of Peer Review and an Alternative to It, Science", *Technology, & Human Values*, Vol. 10, No. 3, Summer 1985.

S. Cole, Cole J. R., G. A. Simon, "Chance and Consensus in Peer Review", *Science*, Vol. 214, No. 4523, November 1981.

Small, H., Sweeney, E., Greenlee, E., "Clustering the Science Citation Index Using Co – Citations, II: Mapping Science", *Scientometrics*, Vol. 8, 1992.

Small, H., Griffith, B. C., "The Structure of Scientific Literatures I: Identifying and Graphing Specialties", *Science*

Studies, No. 4, 1974.

Spiegel-Rosing I., "The Study of Science, Technology and Society (SSTS): Recent Trend Sand Future Challenges", In: *Spiegel-Rosing I., Price D., Science, Technology and Society*, Lodon: Sage Publications, 1977.

Studer R., et al., "Knowledge Engineering: Survey and Future dDirections", *Lecture Notes in Artificial Intelligence*, 1999.

Susan van Rooyen, "Effect of Open Peer Review on Quality of Reviews and on Reviewers' Recommendations: a Randomised Trial", *British Medical Journal*, Vol. 318, No. 7175, January 2, 1999.

Sussan E. Cozzens, "Taking the Measure of Science: A Review of Citation Theories", *International Society for the Sociology of Knowledge, Newsletter*, Vol. 7, May 1981.

Taubes G., "Peer Review Goes Under the Microscope", *Science*, Vol. 262, 1993.

Ucsholdm, Gruningerm, "Ontologies: Principles, Methods, and Applications", *Knowledge Engineering Review*, Vol. 11, No. 2, 1996.

Vanchieri C., "Peer Review Out to the Test: Credibility at Stake", *J Natl Cancer Inst*, Vol. 85, 1993.

后 记

感谢天津师范大学社会科学处副处长刘慧博士,她参与了第二章、第三章、第五章的撰写。在本书撰写过程中,我得到了博士生导师、天津大学管理学院陈士俊教授的悉心指导,陈教授不但才思敏捷、学识渊博、专业精深,而且为人谦和、精力旺盛、学而不怠。他在学术探索的道路上永不知疲倦,这一点值得我学习终生。同时我要感谢师母,南开大学王淑芳教授,她平易近人、和蔼可亲,对我的学习和生活关怀备至。

此外,还要特别感谢我的父母贺鸿洲先生和李文兰女士,他们不仅在物质方面给予我大力资助,而且在精神上给予我很多的安慰、鼓励和力量。他们陪同我一路走来,并默默地支持我,成为我强大的精神支柱,没有他们就没有我的现在,谨以此书献给我的父母和家人。

贺 颖

2016 年 3 月